ANDREW MARTIN

27th

INTERIOR DESIGN REVIEW

第 27 届 安德鲁 · 马丁国际室内设计大奖获奖作品

[英国] 马丁·沃勒　编
卢从周　译

北京安德马丁文化传播有限公司　总策划
凤凰空间　出版策划

江苏凤凰科学技术出版社 · 南京

图书在版编目（CIP）数据

第 27 届安德鲁 · 马丁国际室内设计大奖获奖作品 / (英) 马丁 · 沃勒编 ; 卢从周译 . -- 南京 : 江苏凤凰科学技术出版社 , 2023.12

ISBN 978-7-5713-3904-3

Ⅰ . ①第… Ⅱ . ①马… ②卢… Ⅲ . ①室内装饰设计 – 作品集 – 世界 – 现代 Ⅳ . ① TU238.2

中国国家版本馆 CIP 数据核字 (2023) 第 236880 号

第 27 届安德鲁 · 马丁国际室内设计大奖获奖作品

编　　者	[英国] 马丁 · 沃勒
译　　者	卢从周
项目策划	杜玉华
责任编辑	赵　研　刘屹立
特约编辑	杜玉华
出版发行	江苏凤凰科学技术出版社
出版社地址	南京市湖南路 1 号 A 楼，邮编：210009
出版社网址	http://www.pspress.cn
总　经　销	天津凤凰空间文化传媒有限公司
总经销网址	http://www.ifengspace.cn
印　　刷	北京博海升彩色印刷有限公司
开　　本	965 mm × 1270 mm　1/16
印　　张	31.75
字　　数	30 000
版　　次	2023 年 12 月第 1 版
印　　次	2023 年 12 月第 1 次印刷
标准书号	ISBN 978-7-5713-3904-3
定　　价	598.00 元（精）

图书如有印装质量问题，可随时向销售部调换（电话：022-87893668）。

马丁 · 沃勒

美国企业家史蒂夫 · 乔布斯（1955—2011）说：“设计不只是关乎外表和感觉，更需要考虑产品如何运作。”虽然，这是事实，但也只是解开了部分设计之谜。设计还需要考虑唤醒情绪反应——让我们直面现实吧，当然苹果品牌曾经在这方面表现出色。

全球各地伟大的空间总会给人留下深刻且长久的印象。土耳其的圣索菲亚大教堂让人惊叹，法国的凡尔赛宫让人心生敬畏，而英国乡村的古老教堂则让人的心灵得到慰藉。

美国建筑师路易斯 · 沙利文（1856—1924）提出“形式追随功能”，而这一理念也成为百年来设计院校的重要主题。

时间已经证明了现代主义所存在的局限性，追求普遍审美就意味着漠视历史和文化背景。假借进步之名的简约与冷峻，恰恰是人类疏离的根源。

在文化遗产的保护中，历史与未来对话的重要性尤为凸显。历史建筑和古董文物不仅是历史遗迹，还是祖辈创造力和价值观的展现，它能让我们更加了解人类的本源和我们生活的环境。未来在向着我们招手，让我们突破边界，拥抱科技进步。

如今，法国诗人泰奥菲尔·戈蒂耶（1811—1873）“为艺术而艺术” 的思想得以复兴，人们不断挑战现代主义的纯粹，并重新肯定了装饰与饰品的作用。

伟大设计的奇妙之处是享受生活、颂扬生活。《第27届安德鲁 · 马丁国际室内设计大奖获奖作品》再次呈现出当代设计师们的奔放热情与丰富想象力，以及设计师们如何超越盛行的现代主义，如何在历史成就与未来无限可能之间寻找平衡。

马丁 · 沃勒

2023年10月

目录

格雷戈里·梅勒

设计师：格雷戈里 · 梅勒（Gregory Mellor，第8页右上图左二）

公司：格雷戈里 · 梅勒设计工作室，南非开普敦

该工作室业务涵盖创意设计、室内设计和景观设计咨询，主要针对住宅和酒店。正在进行的项目包括位于美国纽约可以俯瞰东河的曼哈顿公寓、位于非洲卡拉哈里沙漠的现代帐篷式游猎小屋，以及位于南非开普敦康斯坦蒂亚的传统家庭住宅。近期完成的项目有位于南非开普敦的爱德华时代别墅，不拘一格、色彩缤纷；位于中美洲的私人海滩住宅项目，展现了热带风情；位于南非开普酒乡的家庭式住宅。

设计理念：纯正、深思熟虑但又不拘一格，呈现客户心中的生活方式。

THE ABUNDANT

TANGIER
BEACHSIDE

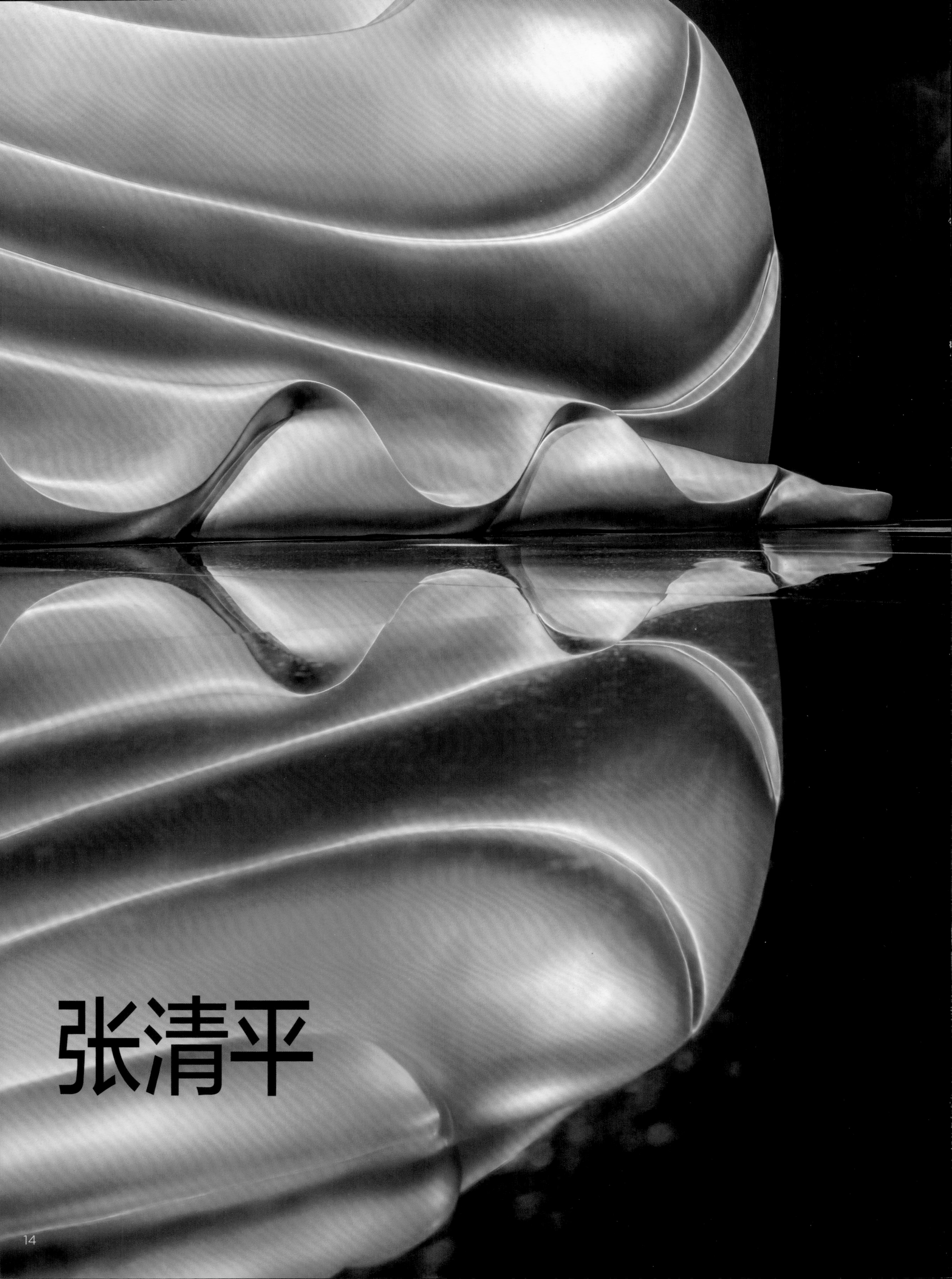
张清平

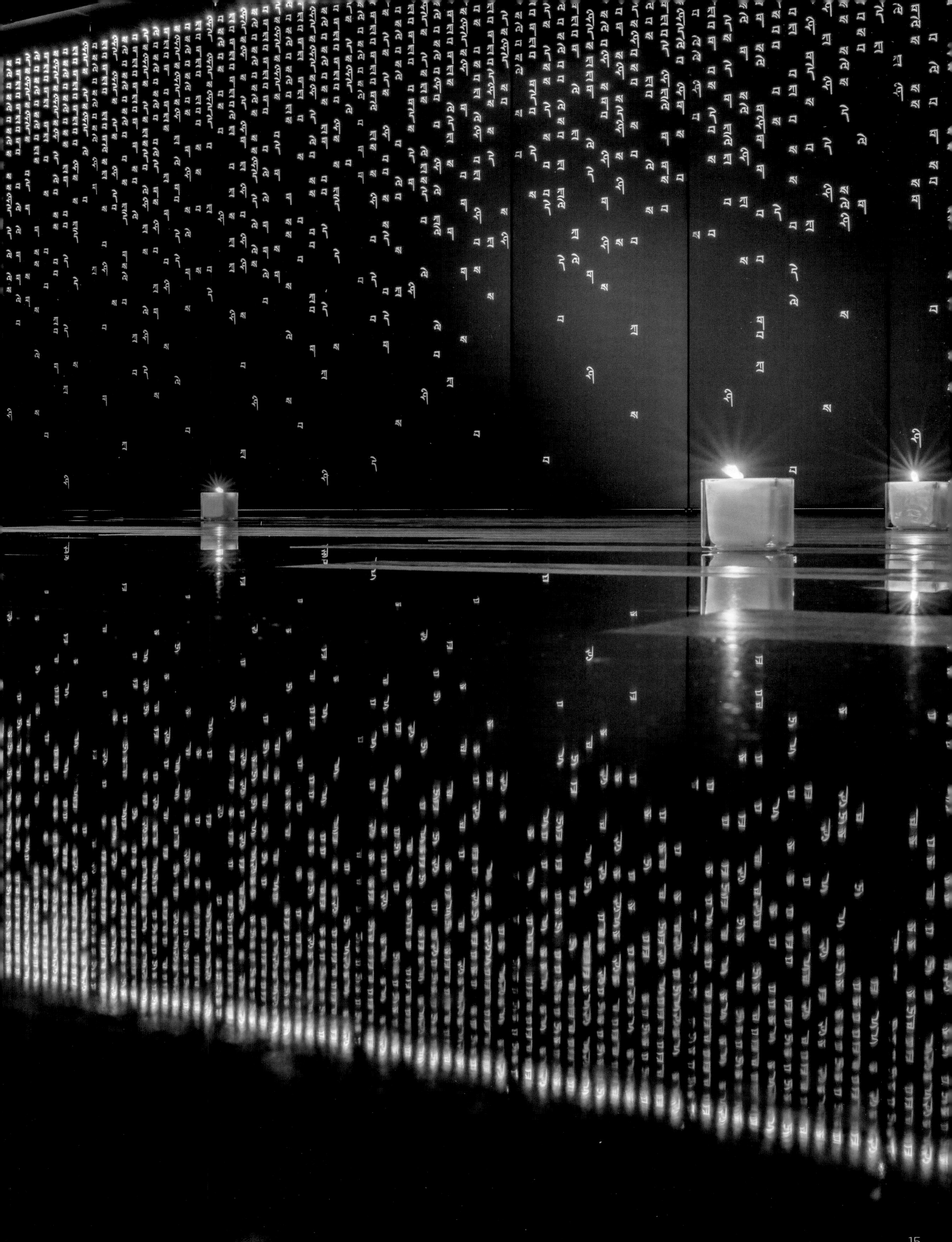

设计师：张清平（Chang, Ching-Ping）

公司：天坊室内计划有限公司，中国台湾省台中市

该公司的室内设计、建筑设计项目遍布全球，包括住宅和精品酒店开发。正在进行的项目包括位于中国台湾地区的花千树美容医学诊所、天阔公立托儿中心和天母高端住宅。

设计理念：心奢华——蒙太奇（Montge）美学风格。

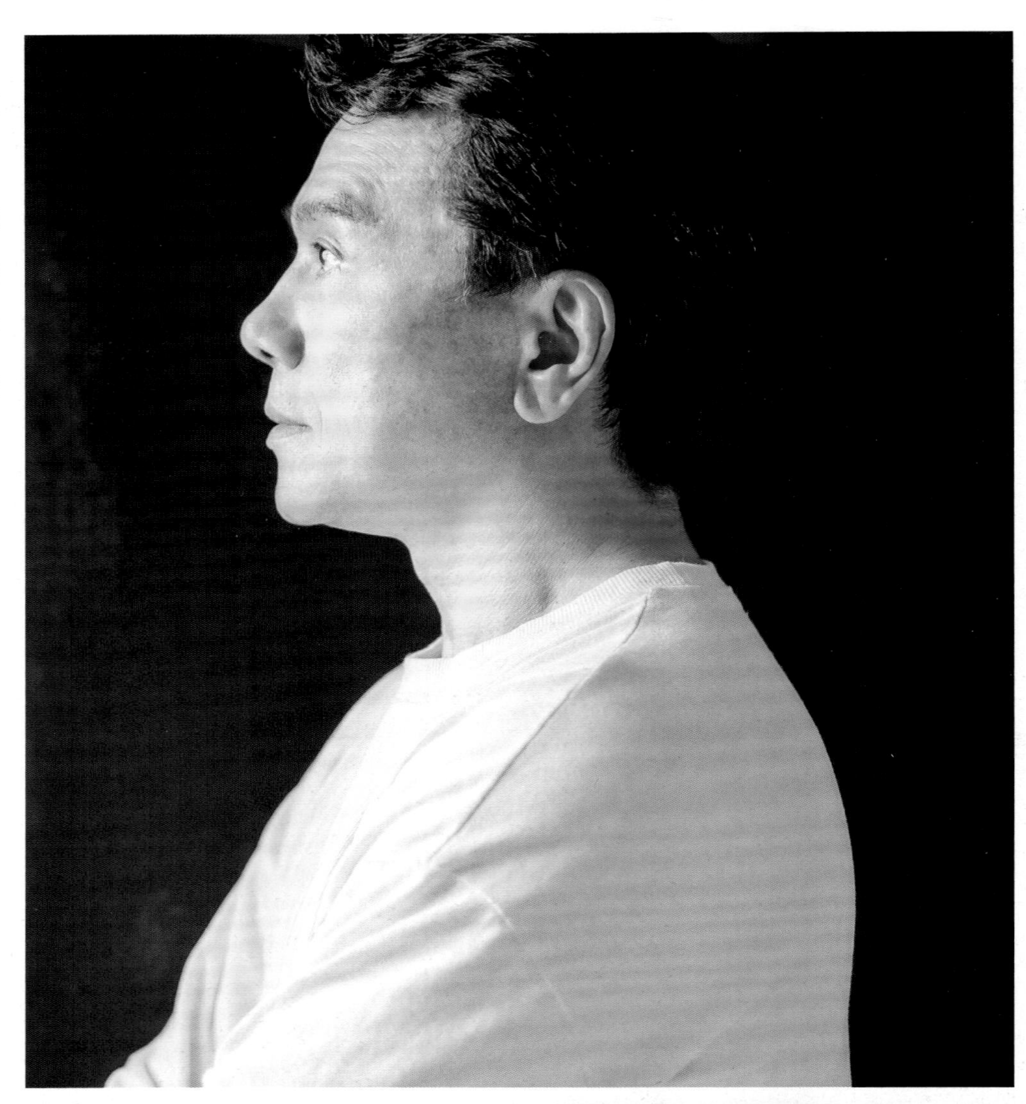

约翰·蒂尔

设计师：约翰 · 蒂尔（John Teall）

公司：Flux室内设计工作室，英国

该工作室专注于高端住宅、零售店、餐厅、酒店和游艇设计，同时擅长布景、家具和艺术设计。目前正在进行的项目包括英国伦敦梅费尔的一家餐厅设计、美国好莱坞新电影布景设计、美国洛杉矶的一处带私人影院和泳池的住宅设计。近期完成的项目包括希腊的一艘经典超级游艇设计、英国科茨小镇的一个精品酒店设计，以及美国洛杉矶的一处迷人的山坡别墅设计。

设计理念：不拘一格，随心而行，顺势而为。

凯特·尼克松

设计师：凯特 · 尼克松（Kate Nixon）

公司：凯特 · 尼克松设计工作室，澳大利亚悉尼

该工作室专注于营造一种温馨的内饰风格，将经典舒适与精致实用融合在一起，为日常家庭生活带来轻松自在、优雅休闲的体验。其设计的项目集中在澳大利亚，正在进行的项目包括位于澳大利亚塔斯马尼亚的海滨度假胜地、悉尼南部宽敞的半乡村住宅、昆士兰健康度假胜地，以及墨累河畔的马术农场。近期完成的项目包括两座位于澳大利亚悉尼海港的几世同堂的住宅、对两处悉尼北岸历史悠久的西班牙传教士风格建筑进行的修复工程、一处蓝山庄园，以及一处全球知名的古董收藏地的现代化仓库改建。

设计理念：创造幸福生活的日常点滴。

关天颀

设计师：关天颀（Sky Guan）

公司：空间进化（北京）建筑设计有限公司，中国北京

该公司业务涵盖了规划、建筑设计、室内设计、陈设设计与软装定制，是一家专注于提供定制住宅、会所、餐饮及精品酒店等高端产品设计服务的专业化公司。近期完成的项目包括位于中国北京的凯丰门窗展厅、北京顺义区的一间茶室、西安天朗的叠拼别墅。正在进行的项目包括位于中国北京福祥胡同的四合院、北京三里屯附近的BARA餐吧、北京华远会客厅。

设计理念：崇尚空间建构美学理念，倡导空间设计学科的“无边界”。

Peter Lindbergh
TASCHEN

BERE
BARLEY
2008

鴻禧

凯莉·赫本

设计师：凯莉·赫本（Kelly Hoppen）

公司：凯莉·赫本室内设计工作室，英国伦敦

这是一个备受瞩目的工作室，由同名设计师凯莉·赫本创立。赫本有四十多年的从业经历，荣获众多奖项和荣誉，是全球最受欢迎的设计师之一。其业务覆盖范围广泛，包括商业空间、私人住宅、超级游艇、私人飞机和五星级酒店。近期完成的项目包括位于毛里求斯的五星级奢华大湾酒店、位于澳大利亚悉尼港的天狼星豪华住宅，以及位于英国伦敦的私人住宅。正在进行的项目包括位于美国迈阿密的三座私人住宅改造、位于美国洛杉矶的一处私人豪宅、位于以色列特拉维夫的豪华酒店和住宅群，以及位于阿联酋迪拜蒂拉尔阿尔加夫的拉奈岛豪华别墅。

设计理念：提供宁静、舒适、精致的空间，让形式与功能无缝融合。

洛里·莫里斯

设计师：洛里 · 莫里斯（Lori Morris）

公司：洛里 · 莫里斯工作室，加拿大多伦多

36年来，洛里 · 莫里斯一直在重新定义室内设计的标准，她致力于探索前瞻性的创意思维。正在进行的项目包括位于美国泽西海岸的一处占地500平方米的四居室豪华别墅、纽约市的一处占地1200平方米的别墅，以及位于加拿大多伦多的一处包含22间套房的豪华公寓，售价范围从337万美元到1190万美元不等。近期完成的项目包括位于加拿大多伦多的一处1800平方米的定制化新型建筑（获奖）、安大略省尼亚加拉地区的一家五星级精品酒店，以及位于美国佛罗里达州博卡拉顿的一处占地8000平方米的豪华住宅的翻修工程。

设计理念：无拘无束。

LIONS
RICHARD GILLETTE
WILHELM SASNAL

Louis Vuitton
TOM FORD
LIGHT ON NEW YORK CITY

CHRISTIAN DIOR

吉米马丁工作室

设计师： 吉米 · 卡尔森（Jimmie Karlsson，图左）和马丁 · 尼尔玛（Martin Nihlmar，图右）

公司： 吉米马丁工作室，英国伦敦

该工作室专注于全球豪华住宅和商业项目，业务涵盖住宅、城市公寓、精品酒店以及工作空间。吉米马丁工作室还拥有自己的定制家具和家居用品品牌。正在进行的项目包括位于摩纳哥蒙特卡洛的七居室私人别墅和位于英国伦敦奥瓦尔的四居室联排别墅。最近的作品包括位于瑞士的一处小屋、位于英国伦敦北部的顶层公寓以及伦敦西区的私人诊所。

设计理念： 大胆别致，奢华优雅。

JUST
BE
YOU

MANIFEST

ARCHIE
TWOTHOUSANDANDEIGHT
BEAUTIFUL INVISIBLE
BEAUTIFUL INVISIBLE

凯茜·查普曼

设计师：凯茜 · 查普曼（Cathy Chapman）

公司：凯茜 · 查普曼设计，美国得克萨斯州休斯敦

这是一家拥有超过35年历史的一站式室内设计服务公司，业务遍及整个美国。目前正在进行的项目包括位于美国得克萨斯州休斯敦的家庭住宅、科罗拉多州咆哮叉河畔（the Roaring Fork River）的住宅、曼哈顿的临时住所，以及新奥尔良的历史悠久的维多利亚住宅的全面翻新工程。

设计理念：舒适宜居，为设计之本；关注细节，乃品质印记；量身定制，彰显独特生活方式与个性。

Shelburne Farms
HOUSE

刘建辉

设计师：刘建辉（Idmen Liu）

公司：IDM设计研究中心，中国深圳

IDM设计师研究中心源自“矩阵纵横”（一个设计品牌），致力于以项目创意为核心的全生命周期设计方法论的建立，目前专注于城市更新和未来社区、农村建设和后城市发展等。

设计理念：可持续性与哲学性。

阿琳·阿斯玛尔·安曼

FRANK

设计师： 阿琳 · 阿斯玛尔 · 安曼（Aline Asmar d’Amman）

公司： 文化建筑设计工作室，法国巴黎

阿琳 · 阿斯玛尔 · 安曼出生于黎巴嫩，是一位建筑师兼室内设计师，也是文化建筑设计工作室创始人。该工作室在黎巴嫩贝鲁特和法国巴黎分别设有办公室。其项目涵盖范围广泛，包括豪华酒店、私人住宅、家具设计以及场景设计。安曼曾在法国诺阿耶别墅举办的2023年土伦设计游行节中担任评委会主席。此外，她还参与了法国拉加代尔巴黎赛车场新餐厅“Le 1900”的设计，目前正在负责位于意大利威尼斯的“Palazzo Dona Giovannelli宫殿”的设计和装饰工作，“Palazzo Dona Giovannelli宫殿”将成为2024年开业的第一家东方快车酒店。最新作品包括2022年威尼斯艺术双年展黎巴嫩馆的建筑和场景设计、在法国巴黎推出的自有品牌系列家具，以及位于法国巴黎的私人公寓设计。

设计理念： 原始与珍贵、传统与现代、物质与诗意之间的对话。

索菲·帕特森

设计师： 索菲 · 帕特森（Sophie Paterson）

公司： 索菲 · 帕特森室内设计工作室，英国萨里

索菲 · 帕特森专注于住宅室内设计，致力于让室内空间与建筑外观同样精美。目前正在进行的项目包括位于阿曼的两栋别墅、位于阿联酋迪拜的一处大使官邸，以及位于英国伦敦肯辛顿的一处历史保护建筑的全面翻修工程。最近的作品包括位于英国伦敦市中心的一处新建住宅、肯辛顿的一处英国二级保护建筑的公寓，以及位于葡萄牙的度假屋。

设计理念： 奢华之中见宜居。

GUETTE

S VUITTON
TASCHEN

于鹏杰

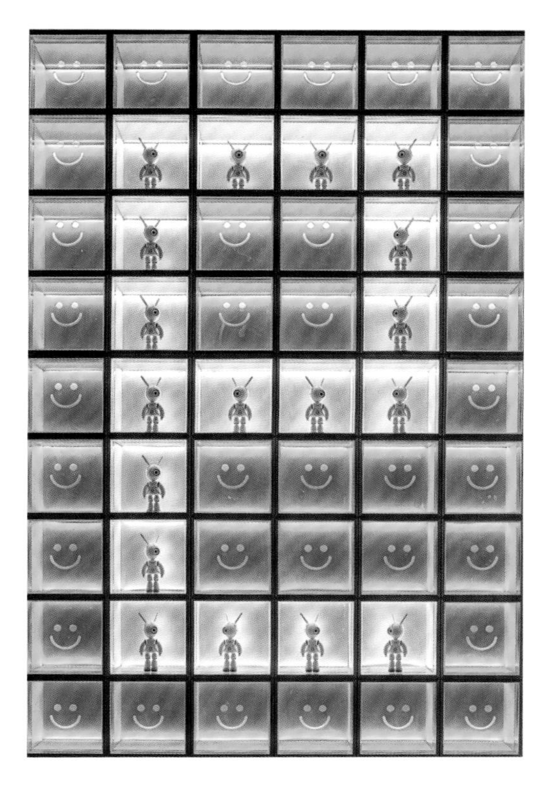

设计师：于鹏杰（David Yu）

公司： Matrixing，中国上海

该公司为矩阵纵横旗下专注于地产住宅设计领域的子品牌，围绕“设计+功能”与“设计+主题”，通过创新思考及专业服务应对时代新变化，引领中国住宅产品迭代趋势，同时盘活社区公共空间，不断实现大众对美好生活的向往。

设计理念：与时俱进的创新思维。

XIN +
XINTULEI

维托尔和卡基设计事务所

设计师： 维托尔 · 杜阿尔特（Vítor Duarte，右页图前）和卡洛斯 · 罗查（Carlos Rocha，右页图后）

公司： 维托尔和卡基设计事务所，葡萄牙阿尔曼西尔

这家国际事务所的作品反映出其非洲血统，其专注于定制住宅、零售商店和酒店项目，主要面向葡萄牙，同时也面向全球。正在进行的项目包括位于葡萄牙阿连特茹的一处私人住宅、阿尔加维的一处现有废弃房屋翻新以及一家精品酒店。近期完成的项目包括位于葡萄牙阿尔加维昆塔杜拉格的一处家庭住宅，以及一处将旧文化中心翻新改建的私人别墅。

设计理念： 采用原汁原味的方法，与当地工匠和艺术家并肩合作，推动文化遗产传承，并以此为豪。

设计师: 约翰·库里（John Coury，图左）和弗洛伦特·梅拉德（Florent Maillard，图右）

公司: CM设计工作室，法国巴黎

该工作室专注于全球豪华室内设计，包括私人住宅以及精品酒店。目前正在进行的项目包括位于法国上法兰西大区的两座城堡、诺曼底的住宅和巴黎的装饰艺术公寓。近期完成的项目包括位于法国北部的一处新艺术风格的海滨庄园、巴黎的一处17世纪的豪宅翻新和里尔的一处18世纪的豪宅改造。

设计理念: 通过兼收并蓄和诗意放大存在感的永恒。

MUZA LAB 室内设计工作室

设计师： 英格 · 莫尔（Inge More，图左）和内森 · 哈钦斯（Nathan Hutchins，图右）

公司： MUZA LAB室内设计工作室，英国伦敦

该工作室屡获殊荣，业务涵盖多元化的项目组合，包括住宅开发、酒店、超级游艇、餐厅和酒吧。正在进行的项目包括位于希腊雅典的 One & Only Aesthesis酒店、位于沙特阿拉伯南部的沙丘六善酒店、红海酒店，以及位于瑞士格施塔德的非洲木屋一号和二号的室内设计。近期完成的项目包括20世纪30年代的经典游艇 MY Marala的设计、位于西班牙巴塞罗那的文华东方酒店公寓的住宅开发和公共区域设计、位于南非开普敦的 One & Only 酒店的翻修和开普敦兰迪德诺的私人住宅。

设计理念： 触觉、直观、情境、层次、折中。

THE END of ILLNESS

米歇尔·努斯鲍默

设计师： 米歇尔 · 努斯鲍默（Michelle Nussbaumer）

公司： 米歇尔 · 努斯鲍默设计工作室，美国得克萨斯州达拉斯

米歇尔 · 努斯鲍默是一名备受赞誉的室内和产品设计师，擅长打造永恒主题空间，从地球最遥远的角落汲取灵感。她创立了Ceylon et Cie品牌家具系列，力求融合古老世界的韵味，在独特的现代空间中毫无违和地融入居家生活。已完成的项目包括美国西雅图的一处中世纪现代风格家庭住宅、达拉斯的一处结合传统内饰与当代艺术的都铎式大型住宅，以及得克萨斯州普莱诺的一处面向艺术收藏家和世界旅行者的牧场住宅。正在进行的项目包括美国得克萨斯州的带有露台和围墙花园的玛雅风格建筑群、新奥尔良市法国区中心的一处由传统马车房改造而成的单身公寓、得克萨斯州一处英式和摩洛哥式湖边住宅。

设计理念： 热衷于为冒险生活搭建舞台。

YACHTS THE IMPOSSIBLE COLLECTION

唯一设计

设计师： 奥尔加·谢多娃（Olga Sedova，第110页图右）和普罗霍尔·马舒科夫（Prokhor Mashukov，第110页图左）

公司： 唯一设计，俄罗斯莫斯科

该公司专注于全球私人公寓和住宅设计，也包括咖啡馆和餐厅。正在进行的项目包括俄罗斯索契的一处住宅、斯摩棱斯克州的一处牙医诊所和莫斯科的公寓楼。已完成的项目包括位于英国伦敦的一家咖啡馆、位于俄罗斯圣彼得堡的一家餐厅和位于斯洛文尼亚的一处住宅。

设计理念： 华丽朋克。

王冠

设计师：王冠（Guan Wang）

公司：矩阵纵横，中国深圳

王冠擅长用设计表现空间、文化、自然与建筑之间的互动，同时传递东方的设计智慧，在设计解决问题的逻辑方法中注重以人为本，以设计赋予人民大众美好生活。

设计理念：回归东方。

斯特凡诺·多拉塔

设计师：斯特凡诺 · 多拉塔（Stefano Dorata）

公司：多拉塔建筑事务所，意大利罗马

该事务所从事公寓、酒店、别墅和游艇设计，业务范围覆盖欧洲、美洲、亚洲。正在进行的项目包括意大利那不勒斯的一处可以俯瞰大海的公寓、罗马的一处19世纪的家庭住宅，以及位于美国纽约中央公园附近的一处公寓。已完成的项目包括位于意大利皮恩扎附近的一处别墅、罗马的一处可以俯瞰特维尔河的公寓，以及位于以色列特拉维夫的一处住宅。

设计理念：发现项目中令人惊喜的元素。

SCARPE

CASE
STEFANO DORATA

娜奥米·阿斯特利·克拉克

HARMONIC

A N
B N G

设计师：娜奥米·阿斯特利·克拉克（Naomi Astley Clarke）

公司：娜奥米·阿斯特利·克拉克工作室，英国伦敦

该工作室经验丰富，非常成熟，专注于住宅和商业地产的翻新和改造。正在进行的项目包括位于英国伦敦市中心的一套650平方米的顶层公寓、伦敦西区的一处公寓住所，以及白金汉郡的一处乡村住宅。近期完成的项目包括一架湾流G700私人飞机、位于英国伦敦巴特西的一套公寓和伦敦的一处家庭住宅。

设计理念：永恒优雅，不失活力。

杰伊·杰弗斯

设计师：杰伊 · 杰弗斯（Jay Jeffers）

公司：杰伊 · 杰弗斯有限公司，美国旧金山和纽约

公司的每个项目都是一次合作冒险之旅，设计涉及形式与功能、建筑与美学，均是为每位客户量身定制的。正在进行的项目包括位于美国加利福尼亚州卡梅尔谷的一处马场、纽约曼哈顿西村的一处战前公寓，以及夏威夷大岛的一处别墅。近期完成的项目包括位于美国加利福尼亚州的一处酒店、纽波特海滩的两栋住宅，以及帕洛阿尔托和阿瑟顿的两处住宅。

设计理念：精致、实用、优雅。

GRAY MALIN

streets of new york

ARRCC设计工作室

设计师：马克 · 瑞利（Mark Rielly， 左四）、米歇尔 · 罗达（Michele Rhoda， 左三）、乔恩 · 凯斯（Jon Case ，右一）、妮娜 · 西耶拉 · 鲁比亚（Nina Sierra Rubia ，左二）、昆廷 · 吉尔曼（Quintin Gilman， 右二）、莎丽卡 · 雅各布斯（Sarika Jacobs ，左一）、丹尼尔 · 杜托伊（Daniel du Toit ，右三）

公司：ARRCC设计工作室，南非开普敦

该工作室专注于室内建筑、室内设计和装饰，为世界各地的住宅、酒店和休闲室内设计提供服务。正在进行的项目包括位于美国科罗拉多州阿斯彭和瑞士格施塔德的滑雪小屋、位于摩洛哥拉巴特的复式顶层公寓，以及位于美国迈阿密的私人住宅。近期完成的项目包括位于巴哈马的一套家庭住宅、位于南非开普敦的一套建筑师住宅（可以看到当地地标桌山和克利夫顿原始海滩的壮丽景色），以及位于澳大利亚悉尼的一处设计师住宅。

设计理念：惊喜连连，乐趣无穷。

ST. MORITZ
RALPH LAUREN

RALPH LAUREN

MASTERD
有限公司

P
500

设计师：增田太志（Futoshi Masuda）

公司：MASTERD有限公司，日本东京

该公司专注于酒店和餐厅的室内设计与建筑设计。正在进行的项目包括位于日本的寿司和烧烤餐厅，以及位于秘鲁和以色列的餐厅、别墅、办公室和服装店。近期完成的项目包括现代西班牙风格餐厅、意大利风格餐厅、烤肉餐厅、美容院和面包店。

设计理念：全神贯注地做好一件事，在那个时代、那个地方，与那些人携手共创独一无二的作品。

亨伯特和波耶特设计工作室

设计师：埃米尔·亨伯特（Emil Humbert，第148页图左）和克里斯托夫·波耶特（Christophe Poyet，第148页图右）

公司：亨伯特和波耶特设计工作室，摩纳哥

该工作室于2008年由埃米尔·亨伯特和克里斯托夫·波耶特创立，专注于世界各地高端住宅项目，以及酒店和餐厅的室内设计。近期完成的项目包括位于意大利米兰市中心的拥有500年历史的神学院内的牛排吧餐厅，以及一艘穿越法国香槟地区运河的豪华驳船。正在进行的项目包括位于法国马丁角的一处住宅、位于奥地利维也纳的一家酒店，以及位于美国纽约的一家牛排吧餐厅。

设计理念：通过对材料和工艺的高度关注，赋予形式和功能以情感。

光正设计

设计师：倪光正（Guangzheng Ni，图左）、杨晓雪（Xiaoxue Yang，图右）

公司：昆明光正设计装饰工程有限公司，中国昆明

该公司提供全方位设计服务，范围涵盖私人住宅、精品酒店、餐饮店、幼教空间等领域。正在进行的项目包括位于中国昆明的滇池观山海私邸、弥勒私人庄园、幼教空间。近期完成的项目包括位于云南的东京烧肉黑金店、云南大理古城的双廊海景酒店和百年合院餐厅。

设计理念：让空间有序，让设计有趣。

莎朗·伦鲍姆

HENRI MATISSE
MAISON DE LA PENSEE
FRANÇAISE .... CHAPELLE
PEINTURES DESSINS SCULPTURES

设计师：莎朗 · 伦鲍姆（Sharon Rembaum）

公司：伦鲍姆室内设计工作室，美国纽约

该工作室专注于设计拥有精致欧洲美学的豪华住宅，同时融合现代、经典和古董家具以及精选艺术品进行设计。近期完成的项目包括位于美国纽约斯卡斯代尔的一处由殖民地时期的住宅翻新而成的现代化家庭住宅；纽约州韦斯特切斯特的一处建于1928年的住宅改造，该住宅展现出加利福尼亚州都铎风格的魅力。正在进行的项目包括位于美国迈阿密的一处海滨房产、纽约州韦斯特切斯特的几栋住宅以及纽约翠贝卡的一个特殊商业项目。

设计理念：精致欧洲美学。

WOOL

凯瑟琳·普利

设计师：凯瑟琳 · 普利（Katharine Pooley）

公司：凯瑟琳 · 普利有限公司，英国伦敦

该公司的团队拥有49名室内设计师和建筑师，项目覆盖范围广泛，风格多样，从传统乡村庄园到现代住宅、酒店、豪华水疗中心、现代主义海滩别墅、历史宫殿、传统城堡、滑雪小屋、飞机和游艇都包括在内。正在进行的项目包括位于巴哈马的一处私人住宅、位于意大利撒丁岛的一座庄园和位于英国伦敦的一处顶层公寓。近期完成的项目包括位于美国纽约的一处可以俯瞰中央公园的高层住宅、位于瑞士阿尔卑斯山的一处滑雪小屋以及位于法国的一处可以俯瞰戛纳海湾的城堡。

设计理念：奢华设计，以精湛工艺为核心。

ATHENS

蒂莫西·奥尔顿工作室有限公司

设计师：西蒙 · 劳斯（Simon Laws）

公司：蒂莫西 · 奥尔顿工作室有限公司，中国香港

作为一家精品、多学科的设计单位，该公司致力于打造拥有特色和灵魂的真实体验，重点关注酒店业。正在进行的项目包括滑雪住宅、位于英国科茨沃尔德的精品酒店改造，以及位于美国迈阿密星岛的豪华住宅。近期完成的项目包括位于英国科茨沃尔德的一家典型英式酒吧、一艘土耳其的传统木质帆船、位于印度的一家寿司店和位于土耳其伊斯坦布尔大巴扎的一家咖啡馆。

设计理念：手工制作，真实体验。

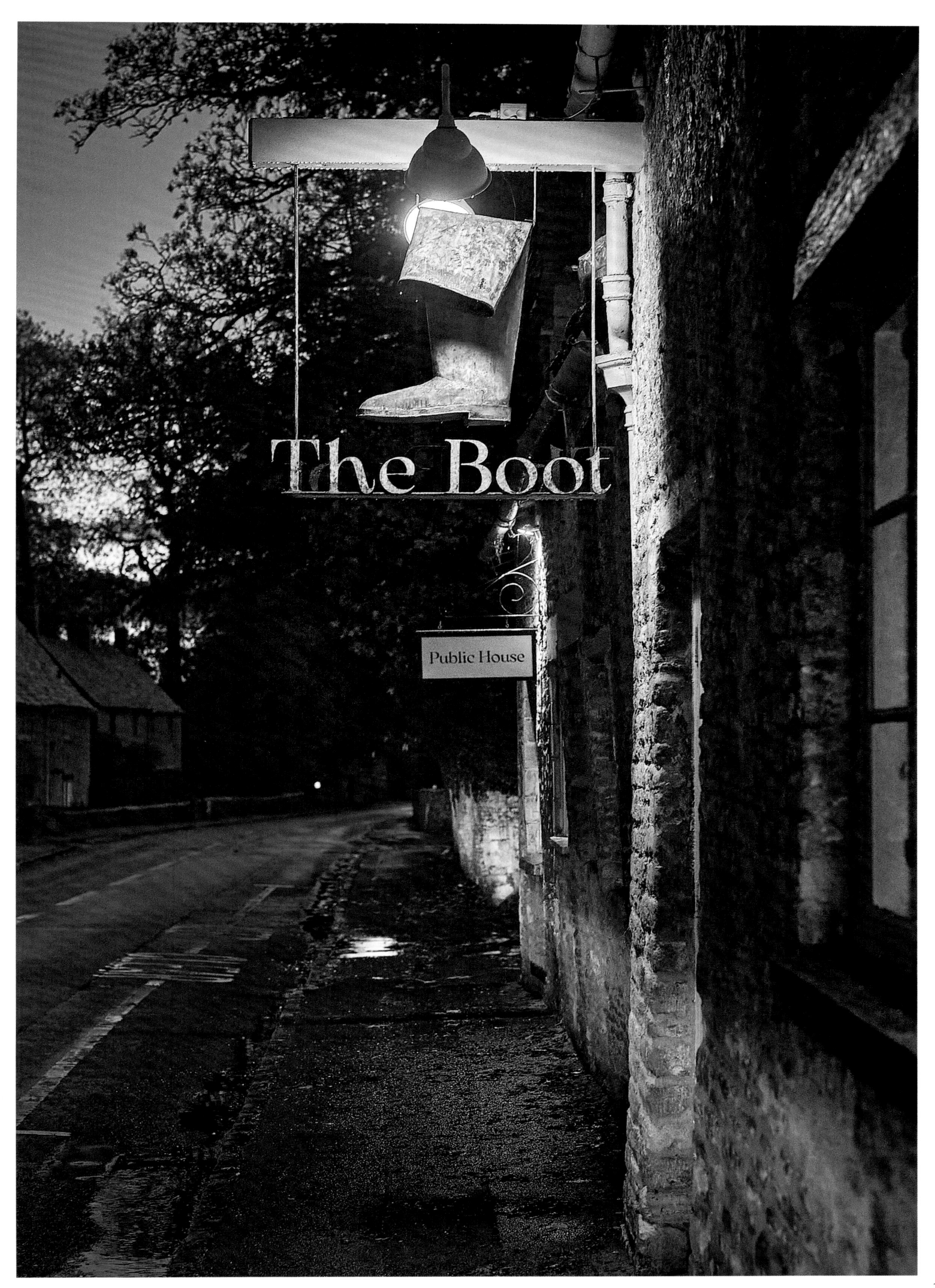
The Boot
Public House

MIND THE STEP

SCHOOL CAPTAINS.
BOYS
GIRLS
1912 SARAH FRANCIS.
1913 JEANETTE KELLY.
1914 AGNES PETERS.
1915 NANCY CRADDOCK
1916 WINIFRED GRAHAM
1917 CONSTANCE BOOTH
1918 ZITA CRAKE
1919 ZITA CRAKE
1920 BESSIE ANDERSON.
1921 BESSIE ANDERSON.
1922 BESSIE ANDERSON.
1923 BESSIE ANDERSON.
1924 JENNIE H. WENDT.
1925 NELLIE HILL.
1926 EMILY SOUTHWOOD.
1927 EMILY SOUTHWOOD.
1928 FLORENCE DALE.
1929 FLORENCE DALE.
1930 MARGARET DOBSON
1933 MARJ. WARBURTON.

李想

设计师：李想（Xiang Li）

公司：唯想国际，中国上海

唯想国际专注于零售店、办公空间、酒店等商业设计领域，致力于创造富有叙事魅力与戏剧张力和能激发感官体验的梦幻空间美学。正在进行的项目包括零售集合店设计、室内运动馆以及幼儿园。近期新作有位于中国北京五棵松的Meland club旗舰店、淮安钟书阁，以及南京德基广场的一系列卫生间改造作品。

设计理念：给未来设计一个惊喜。

CASHIER
ZSIGA
WALKING INTO THE forest
SWEET BEAN

POP CLASS

POP MART
MART
DIMOO
LABUBU
SKULLPANDA
SKULLPANDA

POP MART

POP MART
POP MART
POP MART
POP MART
NEW
EROSION
MOLLY
COSTUME

PUB
FDL
PUB

FDL
FDL
FUNDOLAND
FUNDOLAND
红酒
RED WINE
修道院啤酒
MONASTERY BEER
FUNDOLAND
果味啤酒
FRUITY BEER
果味啤酒
FRUITY BEER
精酿啤酒
CRAFT BEER
拉格啤酒
LAGER BEER
拉格啤酒
LAGER BEER
反斗乐
WELCOME
TO FUNDO

BOWLING
BOWLING
BOWLING
BOWLING

FUNDOLAND
LIVEHOUSE
FUNDOLAND

劳拉哈米特
设计工作室

DAVID MONN
TOM FORD
BOTTEGA VENETA
CULTI

设计师：劳拉·哈米特（Laura Hammett，图左）和亚伦·哈米特（Aaron Hammett，图右）

公司：劳拉哈米特设计工作室，英国伦敦

该工作室为全球私人客户和房地产开发商提供奢华定制服务。正在进行的项目包括位于英国伦敦市中心的佐治亚风格联排别墅、约克郡的乡村庄园、泽西岛黄金地段的两座海滨住宅，位于巴哈马的当代公寓，位于新加坡的家庭住宅，以及位于中东地区的别墅。近期完成的项目包括位于英国萨里的一处大型家庭住宅、肯辛顿的多单元联排别墅开发项目、荷兰公园80号开发项目的顶层公寓，以及马恩岛的豪华私人住宅。

设计理念：永恒的优雅。

乔安娜·阿兰哈工作室

设计师：乔安娜·阿兰哈（Joana Aranha，左页图左）和玛塔·阿兰哈（Marta Aranha，左页图右）

公司：乔安娜·阿兰哈工作室，葡萄牙里斯本

在豪华室内设计和建筑领域，该工作室为住宅、企业、商业、酒店、游艇和私人飞机等项目注入艺术气息及优雅感，并在细节方面精益求精。正在进行的项目包括位于葡萄牙北部巴塞罗斯的一家精品酒店、位于安哥拉的一处住宅，以及位于几内亚比绍的一个独特酒店项目。近期完成的项目均位于葡萄牙，包括里斯本的一处宫殿、阿连特茹的一处乡村度假胜地，以及塔霍河附近的一处公寓。

设计理念：为非凡之人打造非凡人生。

辛迪·林弗雷特

设计师：辛迪 · 林弗雷特（Cindy Rinfret）

公司：林弗雷特室内设计与装饰有限公司，美国康涅狄格州格林威治

该公司致力于康涅狄格州、纽约市、棕榈滩和美国其他地区的奢华项目，为知名人士和名人客户设计和装饰一手、二手私人住宅。正在进行的项目包括长期客户汤米 · 希尔费格的棕榈滩庄园、亚利桑那州的一处宏伟别墅，以及格林威治的一处家庭住宅。近期完成的项目包括一处精美的棕榈滩公寓（林弗雷特设计助理汤姆 · 沙弗的住所）、为某长期客户设计的曼哈顿精致临时住宅，以及新泽西州马纳拉潘的一处住宅。

设计理念：经典、低调、优雅。

KARSH PORTRAITS
The Photographs of Ron Galella

BETTY KÜHNER
THE AMERICAN FAMILY PORTRAIT
GIDEON LEWIN AVEDON

杰弗里·托马斯合伙公司

设计师：杰弗里·托马斯（Geoffrey Thomas，图左）

公司：杰弗里·托马斯合伙公司，马来西亚吉隆坡

该公司为东南亚和英国的开发商及私人住宅项目提供室内设计咨询服务。近期项目包括位于越南河内住宅开发项目的公寓样板房和公区设计、位于英国伦敦市中心的公寓翻新，以及位于马来西亚吉隆坡的新建私人住宅和宾客凉亭。正在进行的项目包括位于马来西亚吉隆坡的私人住宅和样板房的翻新，以及位于英国伦敦周围郡县区的一处历史建筑的翻新。

设计理念：静谧当代，致敬古典。

梁志天

设计师：梁志天（Steve Leung）

公司：梁志天设计集团，中国香港

梁志天设计集团双总部位于中国香港及上海，并于北京及广州设有分公司，拥有团队精英超过 500 人，是亚洲最大规模的室内设计公司之一，在国内外均享有极高的知名度。集团设计项目遍布全球超过 130 个城市，并囊括逾 210 项国际设计及企业奖项。近期完成的项目包括位于中国苏州和长沙的国际金融中心天空别墅、位于新加坡的滨海湾金沙酒店、位于阿联酋的迪拜云溪港地标酒店和世界各地的麦当劳CUBE餐厅。

设计理念：设计无界限。

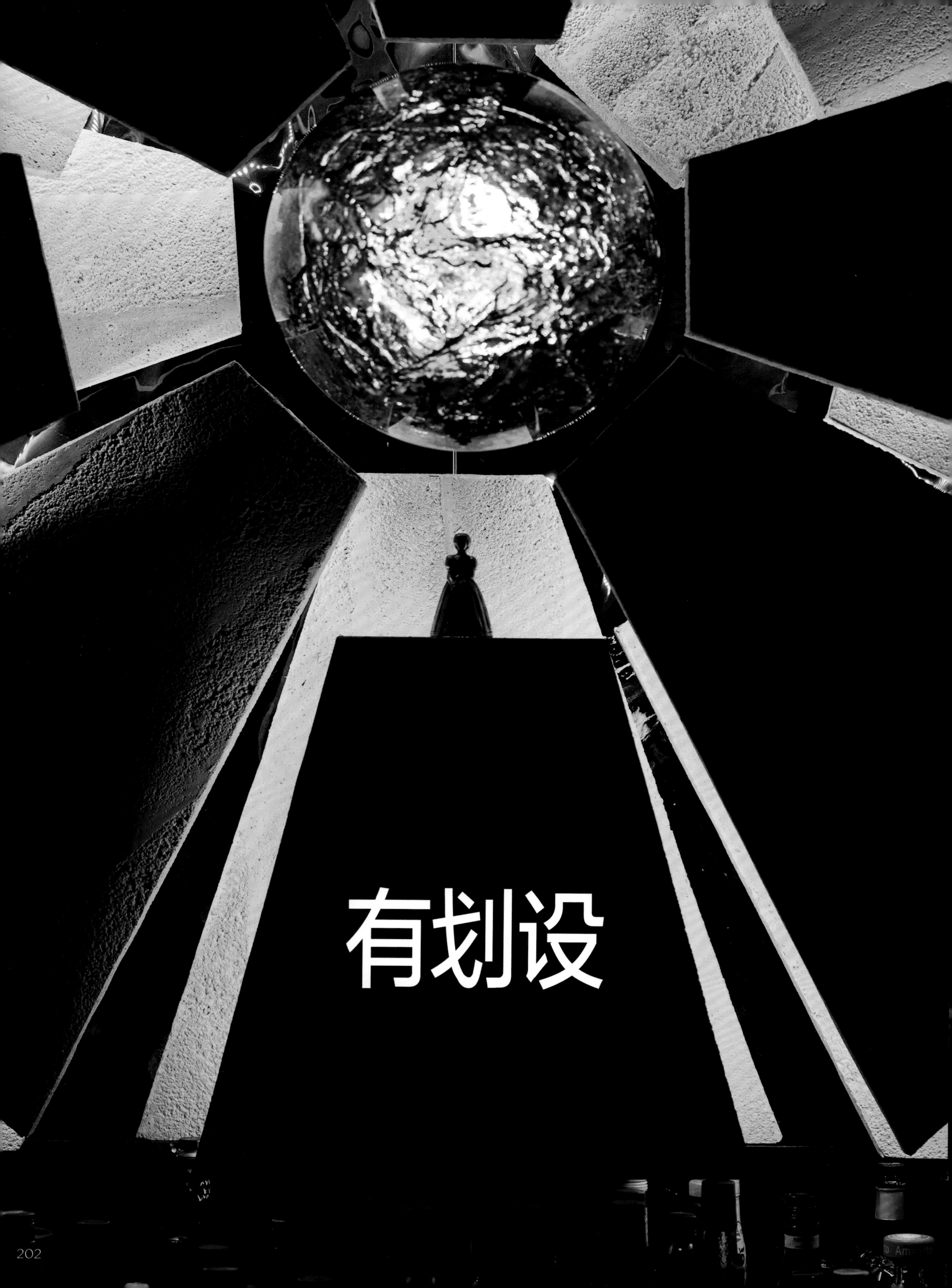
有划设

设计师：胡文儒（Wenru Hu）

公司：有划设商业设计，中国无锡

该公司致力于为大健康养生、医疗美容领域提供专业的品牌策略、空间构建、艺术陈设等全案落地服务。正在进行的项目包括位于中国北京的泰仙宫SPA、嘉兴的御之汇水疗中心和南京的享悦季养生中心。近期完成的作品包括位于中国烟台的玺悦康合水疗中心、宜兴的MFUN美容院、无锡的和子水疗中心。

设计理念：倡导艺术生活化，连接过去与未来，传递以感知力为原点的设计文化。

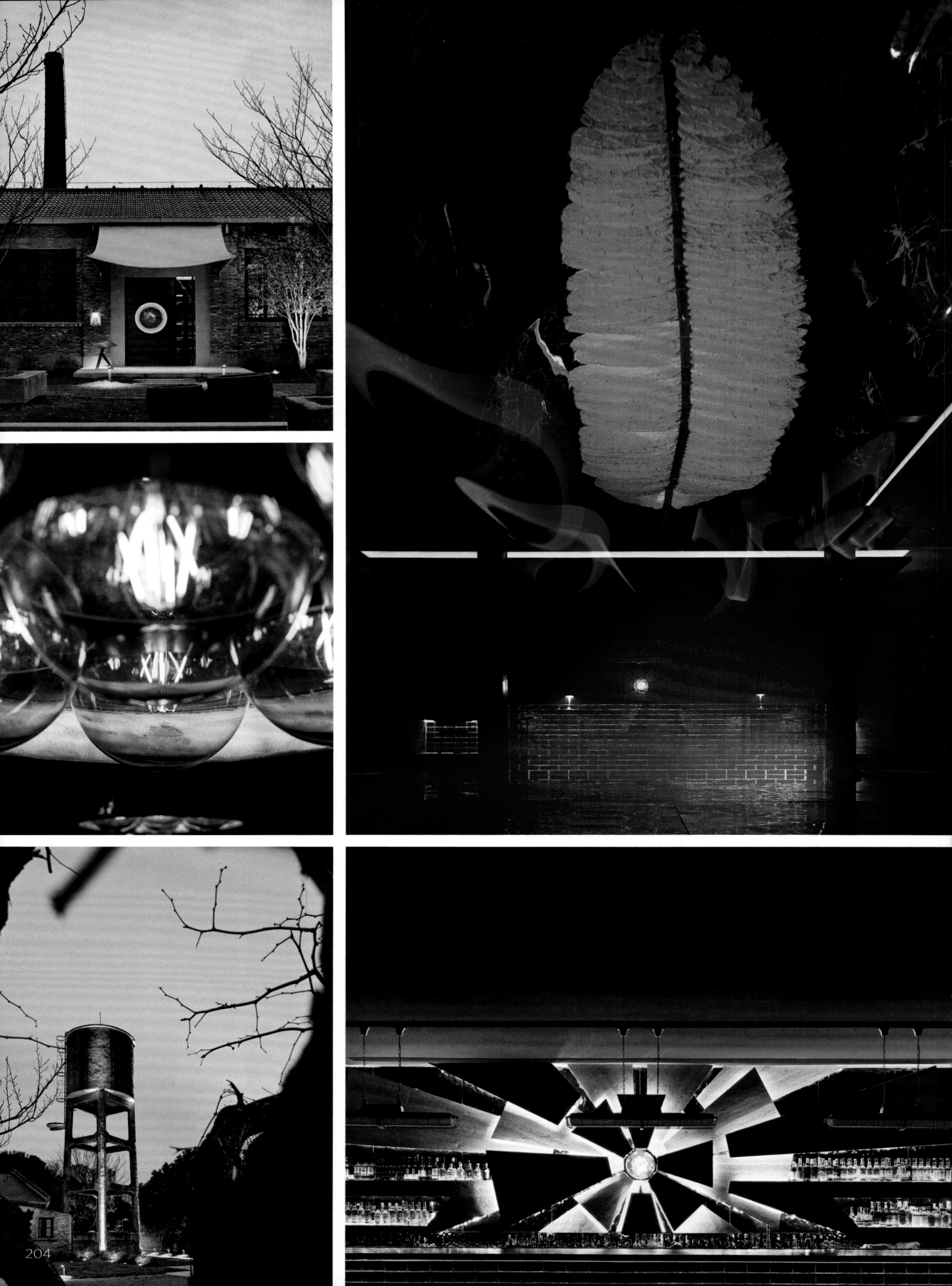

ELICYON设计公司

设计师：查鲁 · 甘地（Charu Gandhi）

公司：ELICYON设计公司，英国伦敦

该公司是一家业务遍及全球的室内设计和建筑设计公司。近期完成的项目包括一处列入英国二级保护名录的高层住宅，可俯瞰摄政公园；位于英国伦敦白厅内标志性的样板房，由旧时作战办公室改造而成，这也是白厅五年翻新计划中的一部分。正在进行的项目包括位于英国伦敦贝尔格莱维亚的一处住宅、伦敦圣约翰伍德的一处家庭住宅、伦敦摄政新月楼的一套公寓，以及一家将于2024年开业的独特的珠宝工作室。在英国之外，该公司也承接项目，目前的项目包括位于美国纽约的一处豪宅、迈阿密的一处海滨住宅，以及位于中东地区的四座别墅。

设计理念：精心策划充满特色的空间，追求无与伦比的细节。

SCULPTURE
SCULPTURE
SCULPTURE
SCULPTURE

詹妮弗·加里格斯

设计师：詹妮弗·加里格斯（Jennifer Garrigues）

公司：詹妮弗·加里格斯室内设计工作室，美国棕榈滩和纽约市

该工作室重点聚焦住宅项目，詹妮弗·加里格斯在美国棕榈滩也开设了自己的零售店，销售从世界各地收集的古董、配饰和家具。近期完成的项目包括位于美国北棕榈滩的一处一对夫妇的新居，夫妇两人酷爱大胆的瓷砖装饰；一处新式加勒比风格的水滨住宅；棕榈滩的一处顶层公寓，可远瞰高尔夫球场和壮丽海景。正在进行的项目包括位于美国北棕榈滩的一处海滨建筑，占地10 000平方米，内设两间客房；棕榈滩沃斯大道的一处顶层公寓；棕榈滩的一处历史悠久的住宅的改造。

设计理念：优雅、异域、精彩、全球化。

Beken of Cowes
CHIC STAYS
IBIZA BOHEMIA
A TOUCH OF style
SURFING
THE IMPOSSIBLE COLLECTION OF DESIGN

Van Gogh
Impressionism
JAZZ LIFE

李泷

设计师：李泷（Leo Li）

公司：宽品设计顾问有限公司，中国厦门

宽品设计顾问有限公司创立于2008年，致力于为城市精品酒店、高级餐饮空间、集合商业以及旧建筑改造提供创新设计。正在进行的项目包括位于中国上海的叁楼伴金锅海鲜餐厅、深圳的平安中心餐厅、杭州的精品酒店等。近期完成的作品包括位于中国南京的精品酒店、厦门的甲板DECK、RSG健身中心等。

设计理念：独特创新、优雅简约。

MHNA工作室

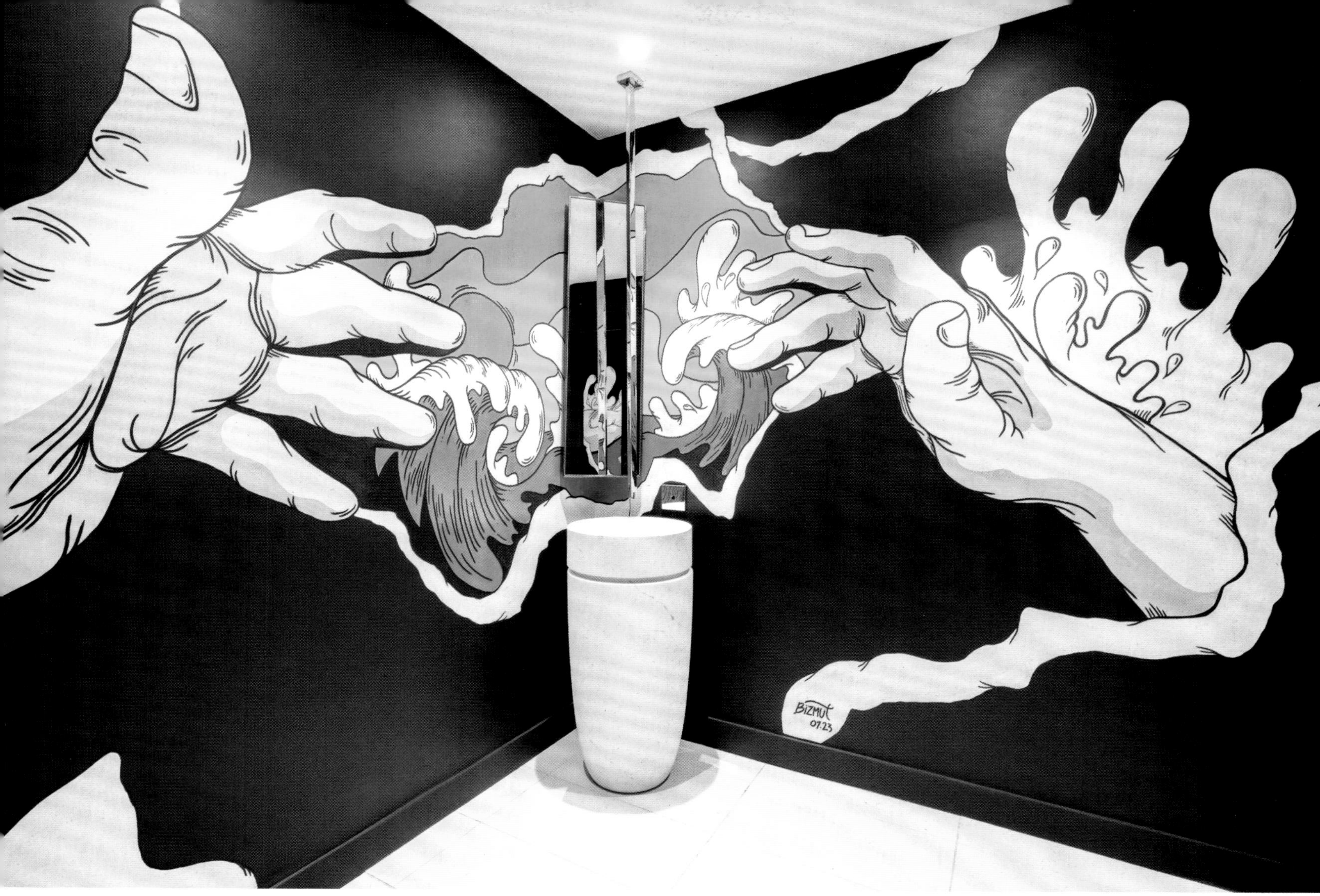

设计师： 马克·赫特里希（Marc Hertrich，图左）和尼古拉斯·阿德内（Nicolas Adnet，图右）

公司： MHNA工作室，法国巴黎

30多年来，这对搭档始终坚守着他们的设计理想，为全球高端酒店、餐厅、水疗中心、私人住宅、商铺及机场贵宾厅等场所打造兼具折中主义与奢华韵味的设计。正在进行的项目包括位于瑞士的一幢别墅、位于安道尔的一幢以精美材料的巧妙融合呈现当代设计风格的别墅，以及位于法国尼斯盎格鲁大道五星级酒店的焕新工程。近期完成的项目包括位于法国波尔多的FirstName酒店、位于西班牙马贝拉麦格纳的Club Med度假村，以及位于法国安纳西的Miamici Delle Alpi餐厅。

设计理念： 诗意与梦幻不可或缺。

利吉娅·卡萨诺瓦

设计师： 利吉娅 · 卡萨诺瓦（Ligia Casanova）

公司： 利吉娅 · 卡萨诺瓦设计工作室，葡萄牙里斯本

“创造愉悦空间”是设计师利吉娅 · 卡萨诺瓦的座右铭，这一理念贯彻于她参与的每个项目，不论是住宅还是公共空间。正在进行的项目包括位于葡萄牙辛特拉的一家精品酒店、埃什特雷拉山脉周边乡村度假区的山间小屋，以及阿连特茹某住宅度假村的二期项目。

设计理念： 舒适和谐，尽显风格。

MAFALDA PINTO LEITE
NIGELLA LAWSON
COOK·EAT·REPEAT ≡ NIGELLA LAWSON
LE CUISINIER FRANÇOIS
SIÃO
ROOIBOS

Bem vindos

超越设计

ERIC OWEN MOSS ARCHITECTS
THE WORLD SPA DESIGN II
MODERN VILLA
THE SKETCH BOOK

设计师：萨钦（Sachin，图左）和涅哈·古普塔（Neha Gupta，图右）

公司：超越设计，印度新德里

超越设计成立于2000年，以将现代与古典设计融合的独特风格见长，为印度国内外的许多知名人士设计了大量私人住宅项目。近期完成的项目包括位于印度新德里南部的一处宅邸、拉贾斯坦邦斋浦尔的一处家庭度假屋，以及果阿邦风格别致的葡式风情餐厅Mystras。

设计理念：极繁主义的层次美学。

海德伦·迪克曼
室内设计

EVP

设计师：海德伦·迪克曼（Heidrun Diekmann，图左）

公司：海德伦·迪克曼室内设计，纳米比亚和南非

该工作室专注于打造真诚、质朴的室内设计。正在进行的项目包括位于纳米比亚半荒漠地区的一处疗养院、位于南非开普敦的一处私人住宅，以及位于非洲某处的一处浪漫乡村别墅。近期完成的项目包括位于纳米比亚海岸的一处修道院、位于南非葡萄酒产区内古建筑的修复、与植物艺术家克里斯·范·尼克尔克（Chris van Niekerk）在南非斯泰伦博斯和瑞典的两次展览合作，以及为一家荷兰画廊设计的系列作品。

设计理念：唤醒奇妙与诗意。

INSECTS

美栽堂·筑造社

设计师：吴极中（Jizhong Wu）

公司：美栽堂·筑造社，中国温州

美栽堂·筑造社成立于2013年，是一个多艺术学科创意设计团队，集景观建筑、装置艺术、商业空间、工艺材料等多重领域创作于一体。近期完成的项目包括位于中国湖州安吉的安几山谷、福州的牡丹亭·艺术合院、昆明的金方森林温泉中“漂浮的森林”。正在进行的项目包括位于中国浙江丽水景宁的度假村——那云·悬崖上的天空之城、上海的浮域·美术馆餐厅、拉萨的候鸟等风来·西餐厅。

设计理念：将建筑与不同媒介对接。

BOX

唐娜·蒙迪

设计师：唐娜 · 蒙迪（Donna Mondi）

公司：唐娜 · 蒙迪室内设计，美国丹佛和芝加哥

唐娜 · 蒙迪室内设计是一家知名的室内设计与产品设计公司，在美国芝加哥和丹佛均设有工作室，业务范围遍布整个美国。正在进行的项目包括位于美国密歇根州大急流城的一幢新建的现代风私人住宅、得克萨斯州奥斯汀湖畔的地中海风格翻新项目，以及为老客户在棕榈滩设计的度假屋。近期完成的项目包括位于美国丹佛的一幢包豪斯风格私人住宅、芝加哥黄金海岸历史街区的一处20世纪20年代公寓的合作翻新项目，以及一对全球知名的权贵夫妇在芝加哥地标论坛报大厦住宅区的都市住宅。

设计理念：以前卫、独具匠心且极富魅力的室内设计，完美呈现客户的生活方式、愿景和审美趋向。

JOHN DERIAN
DAVID YARROW
DAVID YARROW STORYTELLING

BAUHAUS
DANIEL OST

ANDREW MARTIN INTERIOR DESIGN REVIEW VOL. 24
JOSEPH DIRAND Interior

we dream together
INTERIOR DESIGN REVIEW VOL. 24

ECTION
JIMMIE MARTIN
urple morning
INVISIBLE

MICHELANGELO
CHANEL Jean Leymarie

斯蒂芬妮·库塔斯

设计师：斯蒂芬妮·库塔斯（Stéphanie Coutas）

公司：斯蒂芬妮·库塔斯室内设计，法国巴黎

斯蒂芬妮·库塔斯设计团队由建筑师、装饰师和设计师组成，业务范围遍及全球。斯蒂芬妮·库塔斯还设计家具和灯饰，曾在巴黎的画廊展出，她还为巴卡拉（Baccarat）、法国奢华卫浴品牌THG Paris和太平地毯等国际知名品牌提供设计服务。正在进行的项目包括位于摩纳哥周边的一幢豪华别墅，以及位于法国巴黎的多处住宅，包括一家花园酒店和一间可以眺望埃菲尔铁塔的住宅，还有圣特罗佩的两幢新建别墅，其中一幢带有私人葡萄园。近期完成的项目包括位于法国巴黎郊外的一处19世纪庄园、普罗旺斯圣特罗佩的一幢波希米亚风格别墅和位于摩纳哥蒙特卡洛的一间公寓。

设计理念：兼具奢华韵味与现代风尚，洋溢着波希米亚蓬勃精神，将法式匠心与顶级工艺完美调和。

丽贝卡·克拉克

设计师：刘宗亚

公司：空间的诗学设计事务所，中国昆明

该事务所专注于精品酒店、俱乐部和顶奢别墅的室内设计。正在进行的项目包括位于中国云南南部、安徽黄山、贵州的三家豪华酒店。近期完成的项目包括位于中国贵州的某奢华岩洞酒店、佛山的一家家具展厅和昆明的一家私人俱乐部。

设计理念：去复杂，但不减少。

设计师：科琳娜·布朗（Corinne Brown）

公司：布朗设计集团，美国加利福尼亚州

该集团主要业务是为美国各地的度假屋提供设计。正在进行的项目包括位于美国密苏里州奥扎克湖畔的豪华别墅群、加利福尼亚州猛犸湖畔的两栋大型公寓的改造及该地区一处新建的大型当代风格私人住宅。近期完成的项目包括位于美国爱达荷州麦考尔的一个度假区、加利福尼亚州特拉基市马蒂斯营地的一幢大型定制私人住宅，以及加利福尼亚州棕榈沙漠的新建定制私人住宅。

设计理念：为客户量身打造温馨、贴心的空间。

科琳娜·布朗

ANDREW MARTIN
INTERIOR DESIGN REVIEW
CHRISTIAN LOUBOUTIN
EXHIBITION
HELMUT NEWTON
DALI
BANKSY
VITTORIALE
UNGULATI DELLE ALPI
Caccia
TOM FORD

佩利扎里设计工作室

BASQUIAT
CHANEL
VENISE

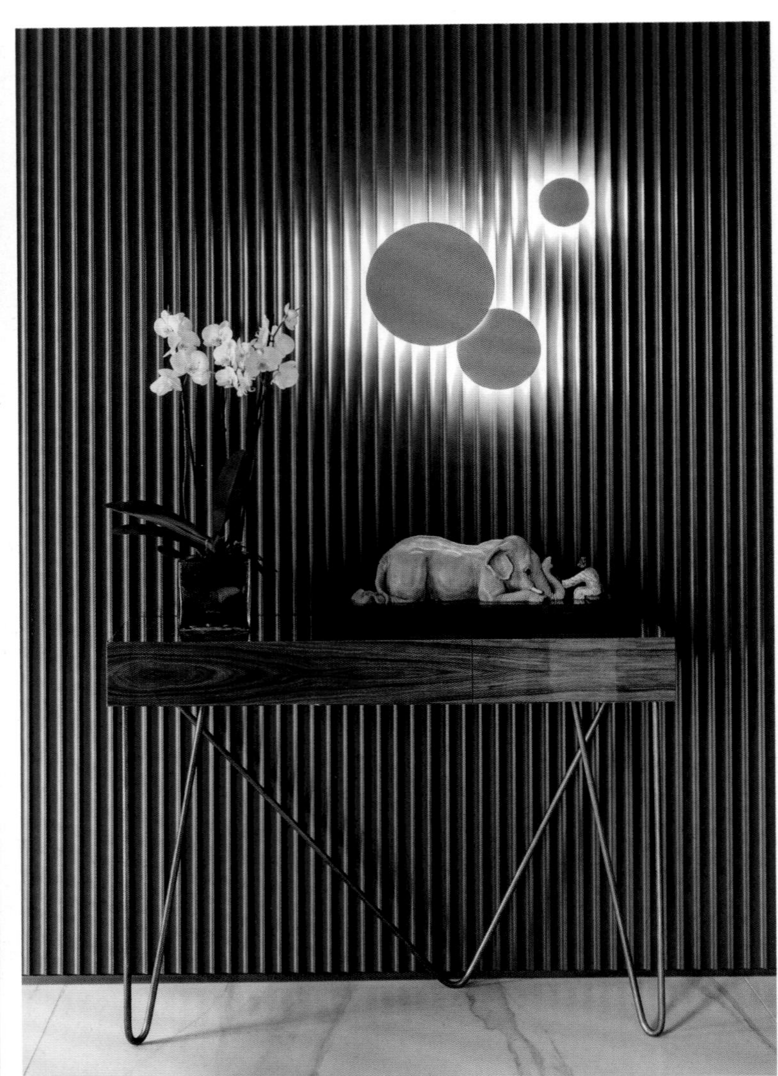

设计师：克劳迪娅·佩利扎里（Claudia Pelizzari，图右）

建筑师：大卫 · 莫里尼（David Morini，图左）

公司：佩利扎里设计工作室，意大利米兰和布雷西亚

该工作室成立于1991年，专注于别墅、公寓、精品酒店和餐厅的设计。正在进行的项目包括位于意大利佩鲁贾的一处城堡的翻新、加尔达湖上的一家素食精品酒店和位于克罗地亚海岸的一幢别墅。近期完成的项目包括位于意大利翁布里亚的一家精品酒店、米兰的一套顶层公寓和意大利北部的几家餐厅。

设计理念：美，源自空间的平衡。

马克设计工作室

设计师: 皮娅 · 马克（Pia Mark，左图）和马克 · 马克（Marc Mark，右图）

公司：马克设计工作室，奥地利瓦滕斯

该工作室由一群致力于创造独具匠心、富有情调且可持续设计的专业人士组成。正在进行的项目包括采用传统方式建造的瓦滕贝格山谷小屋、传承近百年时代风采的Bunzl别墅，以及阿默湖畔的两幢独立木结构别墅。近期完成的项目包括“23 Reasons”餐厅、大型“S别墅”，以及瓦滕斯施华洛世奇水晶世界新开的Daniels餐厅。

设计理念：严格甄选，成就经典。

苏珊·洛维尔

设计师: 苏珊·洛维尔(Suzanne Lovell)

公司: 苏珊·洛维尔设计有限公司，美国芝加哥

该公司团队由建筑师、室内设计师以及艺术顾问组成。正在进行的项目包括位于美国芝加哥瑞吉酒店中由甘建筑工作室（Studio Gang）设计的一整层带全景视野的顶级豪华公寓、可俯瞰佛罗里达大西洋海岸的五星级Shipyards酒店的顶层套间，以及佛罗里达州开普提瓦岛的海上巴厘岛风格私人住宅。近期完成的项目包括一套用来收藏重要艺术品的独立空间私人住宅，迈阿密的海滨四套独立套房合并成的一套海景高级公寓，以及佛罗里达州那不勒斯的一套1400平方米、坐拥墨西哥湾全景视野的顶层公寓。

设计理念: 高级定制空间，成就非凡生活。

HITLER
GORBACHEV
SHATTERED
Bob Woodward The Agenda
THE RUSSIAN REVOLUTION
END OF TIME
AMERICAN SPY

谢柯

设计师：谢柯（Ke Xie）

公司：重庆尚壹扬装饰设计有限公司，中国重庆

2008年，谢柯与支鸿鑫创办了重庆尚壹扬装饰设计有限公司，多年来他们一直专注于建筑和室内空间设计，项目涵盖酒店、商业空间、展览空间、私人住宅等。近期完成的项目包括既下山·梅里酒店、既下山·重庆酒店、杭州夕上·虎跑1934酒店、大理夕上·双廊酒店、里城湖广会馆、重庆壹集画廊、泉州七栩·钟楼酒店。谢柯个人还创办了生活美学集合品牌——“壹集”，他用审美眼光搜罗、发现、收集全球独立设计师品牌及艺术品；2021年他建立了全新设计艺术画廊空间——壹集画廊；创办生活方式品牌“格外小馆餐厅”，该餐厅在融合餐饮的创新上保持想象力，激发当下生活的活力与趣味；他创办了酒店品牌“夕上”，通过打造内敛自在的小型度假空间，找到自然和在地文化的精神契合。

设计理念：力图创造整体全面的建筑，连接过去、现在和未来。

妮基·多布里

设计师： 妮基 · 多布里（ Nicky Dobree ）

公司： 妮基 · 多布里室内设计公司，英国伦敦

该公司专注于全球滑雪度假区奢华木屋别墅和私人住宅的室内设计。正在进行的项目包括位于英国伦敦的一幢连栋房屋的翻新项目、西萨塞克斯沿海的一幢私人住宅，位于法国南部的一幢别墅，以及法国和瑞士阿尔卑斯山地区的几幢木屋别墅。近期完成的项目包括位于英国伦敦的一处家庭住宅、位于法国瓦勒迪泽尔的两座地标性木屋别墅和位于瑞士的一处木屋别墅。

设计理念： 优雅永存。

HENRI CARTIER-BRESSON

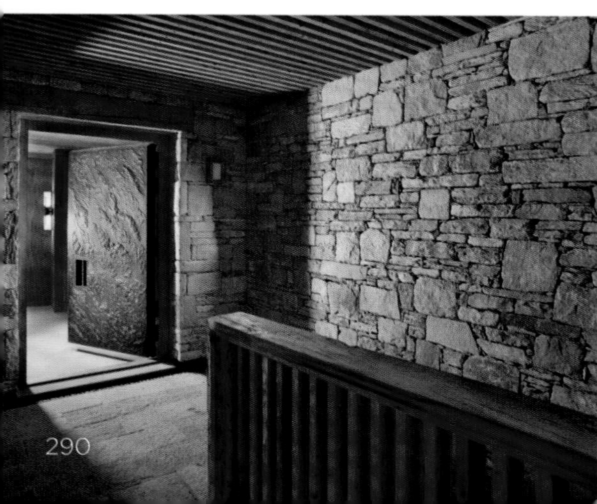

泽因普·法迪里奥卢

设计师：泽因普 · 法迪里奥卢（Zeynep Fadillioglu）

公司：泽因普 · 法迪里奥卢设计公司，土耳其伊斯坦布尔

这家奢华室内设计公司即将迎来成立30周年的纪念日，其业务遍布全球，涵盖宅邸、酒店、餐厅、清真寺和品牌设计。正在进行的项目包括位于土耳其伊斯坦布尔的半岛酒店、位于卡塔尔多哈珍珠清真寺（4500平方米），以及位于阿曼两栋总面积超过4000平方米的豪宅的全屋设计。近期完成的项目包括位于美国波士顿的餐厅Nahita、位于土耳其伊斯坦布尔的五幢豪宅，以及位于卡塔尔的部分王室成员宫殿。

设计理念：汇聚多元文化影响，将历史传统与当代视野完美结合。

Your ego is my lego baby

福利考克斯室内设计公司

设计师： 迈克尔 · 考克斯（Michael Cox，上图）和祖尼 · 马德拉，以及一支由10人组成的支持团队

公司： 福利考克斯室内设计公司，美国纽约

该公司在豪华住宅内饰、游艇和私人飞机装饰领域拥有20年的设计经验。正在进行的项目包括位于美国佛罗里达州的一幢全面翻新的度假别墅、新泽西州的一幢新建避暑私人住宅，以及纽约州布鲁克维尔的一幢都铎式豪宅的升级改造。近期完成的项目包括位于美国纽约的一套专为长期客户设计的公寓，该公寓内有博物馆级的艺术品收藏，还有马萨诸塞州布鲁克莱恩的一幢新建住宅，以及为第二代年轻客户翻新的住宅。

设计理念： 打造愉悦的避风港。

泰康

设计师：泰康（THÁI CÔNG）

公司：泰康室内设计，越南胡志明市

该公司为全球精英客户提供建筑构想、室内设计和家居陈设。正在进行的项目包括一间私人会所、一间充满魅力的黑色公寓和一间白色的顶层公寓。近期完成的项目包括位于越南胡志明市的一座庄园别墅和另一处别墅。

设计理念：打造奢华家居生活的理想国度。

Monet

ACQUA DI PARMA
Blu Mediterraneo
ARANCIA di CAPRI

HI-STANDARD

JAMES BOND
BACK IN ACTION!
SEAN CONNERY
JAMES BOND 007
GOLDFINGER
HONOR BLACKMAN

FOUR SEASONS

CHANEL

PRESS FOR
CHAMPAGNE

凯瑟琳·海

设计师：凯瑟琳 · 海（Kathleen Hay）

公司：凯瑟琳 · 海设计公司，美国马萨诸塞州楠塔基特岛

该公司擅长为高端住宅和商业性市场设计兼具严谨和独特风格的室内空间，采用折中且独特的家具和配饰进行个性化设计，在新建项目方面也颇有专长。正在进行的项目包括位于美国新英格兰地区的一幢大型新建建筑、查尔斯顿的一幢当代住宅，以及楠塔基特岛的一处19世纪40年代希腊复兴风格的老宅的装饰。近期完成的项目包括位于美国迈阿密海滩的一幢现代住宅的翻新、肯塔基州法兰克福和南卡罗来纳州查尔斯顿的多家餐厅，以及楠塔基特岛的几幢避暑别墅。

设计理念：以精致空间叙事，讲述精彩人生故事。

Monte
Carlo
CÔTE

BAR
167

THE
SEASIDE
CALLS
GO BY
TRAIN

BAR
167
BAR 167
BITES

奥尔加·哈诺诺

设计师：奥尔加 · 哈诺诺（Olga Hanono）

公司：奥尔加 · 哈诺诺公司，墨西哥墨西哥城

该公司正在进行的项目包括为墨西哥设计的一系列豪华酒店，它们之后将成为墨西哥圣米格尔德阿连德、洛斯卡沃斯和里维埃拉纳亚里特等城市的度假酒店。近期完成的项目包括坐落在墨西哥葡萄酒之路、风景如画的托斯卡纳风格景观中的圣三一葡萄园酒店，将自然保护区与精品酒店、餐厅和海滨俱乐部完美结合的巴卡拉尔酒店，以及一个同时具有家的舒适感和旅行乐趣的罗马之家新概念旅馆。

设计理念：现代、创新、进步。

池陈平

设计师：池陈平（Chenping Chi）

公司：本体建筑空间设计（杭州）有限公司，中国杭州

该公司拥有集建筑、室内设计、软装于一体的专业体系，可赋予空间更高的价值。公司团队不趋于定向风格，怀着对未来的尝试，共同探寻当下全新生活理念与设计的融合。该公司凭借对设计的独特理解，致力于私人住宅研究、多样化的商业空间设计及高端定制化的设计服务。正在进行的项目包括位于中国杭州九溪玫瑰园的一个别墅庄园、江西上饶的一处花园别墅、绍兴诸暨的大型现代住宅，以及杭州阳明谷的多处别墅住宅。近期完成的项目包括位于中国诸暨的亿泽新疆大厦会所、深圳湾的新玺办公室设计和杭州市富阳区的一处住宅别墅。

设计理念：将过往的文明、故事、生活方式与当下联结互动。

404 Not Found

本杰明·约翰斯顿

设计师：本杰明·约翰斯顿（Benjamin Johnston）

公司：本杰明·约翰斯顿设计有限责任公司，美国得克萨斯州

这是一家享有国际声誉的全方位家居设计公司，专注于打造适合现代生活方式的奢华居住空间。正在进行的项目包括位于英国伦敦梅菲尔区的一间豪华公寓的装饰设计、位于美国休斯敦的一幢吸引眼球的现代风住宅以及25套住宅的全屋设计。近期完成的项目包括位于美国休斯敦橡树河、派尼波因特村和坦格尔伍德的多幢获奖住宅，以及休斯敦纪念公园区的一处3200平方米住宅的完整外观和室内设计。

设计理念：经典、精选、精彩。

妮基·亨特

FRANCIS HAMEL
London
ANDREW MARTIN INTERIOR DESIGN REVIEW VOL. 22

PETER JAMES

设计师：妮基 · 亨特（Nikki Hunt，图中）。

公司：设计干预，新加坡

这是一家东南亚地区的奢华室内装修设计公司。正在进行的项目包括位于马来西亚吉隆坡的一处家庭大宅、位于新加坡市中心的一套顶层公寓和圣淘沙岛的一幢家庭住宅。近期完成的项目包括位于泰国曼谷的一套顶层公寓、一间商店的修复，以及位于新加坡的一套顶层公寓。

设计理念：营造快乐，促进家庭互动，打造个性十足的定制家居。

MET HIS MATCH?

Moroccan Interiors
INTERIOR DESIGN REVIEW

泰勒·豪斯

设计师：卡伦·豪斯（Karen Howes，图左）和简·兰迪诺（Jane Landino，图右）

公司：泰勒·豪斯，英国伦敦

泰勒·豪斯是一家备受认可的国际室内设计公司，业务范围涵盖住宅空间、商业空间和酒店项目。正在进行的项目包括位于瑞士韦尔比耶的滑雪别墅和位于英国伦敦格罗夫纳广场的一套公寓。近期完成的项目包括一套公寓、位于爱尔兰都柏林的一幢家庭住宅，以及位于英国伦敦斯隆街附近的一个受保护的地标项目。

设计理念：创意至上，仁爱和热忱是核心准则。

THE ZOO
CUP FINAL

斯费拉·奥托室内设计

设计师：莫里齐娅·富萨罗利（Maurizia Fusaroli，右页右上图左）和维罗尼卡·格拉西（Veronica Grassi，右页右上图右）

公司：斯费拉·奥托室内设计，意大利罗马

该公司专注于定制的、独特的室内设计，包括翻新项目、海滨别墅和乡村住宅。正在进行的项目包括位于意大利罗马历史文化中心的皮亚察·纳沃纳广场古典公寓的翻新，以及维科洛·多米齐奥的一幢私人住宅的室内装饰。近期完成的项目包括位于意大利罗马历史建筑内的历史公寓、托斯卡纳的一幢乡村别墅和卡拉布里亚的一幢海滩别墅。

设计理念：折中、永恒的设计，从当代、现代作品以及古董中汲取灵感。

M·AGRIPPA·L·F·COS·TERTIVM·FECIT

李阳

ACNE PAPER

设计师：李阳（Yang Li）

公司：集艾室内设计（上海）有限公司，中国上海

该公司拥有15年以上的专业设计经验，致力于为高端地产、商业空间提供“一站式”设计服务，在强化空间视觉个性的同时提升其商业价值。近期完成的项目包括位于中国宁波的璞拾闻澜感官艺术生活馆、上海的一尺花园、贵州的溪山国际旅游度假区。

设计理念：创造非凡的设计服务体验。

MUSIC
MENZEL
ballet
MUSIC
MUSIC
MUSIC
GABRIELLE CHANEL FASHION MANIFESTO
CHOPIN
CHOPIN

海尔+克莱因设计公司

设计师：梅丽尔·海尔（Meryl Hare）

公司：海尔+克莱因设计公司，澳大利亚悉尼

无论是在澳大利亚还是在其他地区，原创、真实、个性化的室内设计都经得起时间的考验。该公司正在进行的项目包括位于澳大利亚新南威尔士州南部高地的三幢乡村别墅、悉尼的一个仓库改造项目，以及珀斯的一处被列入澳大利亚遗产名录的住宅。近期完成的项目包括位于澳大利亚悉尼沃克吕兹的一幢大型家庭住宅、南澳大利亚的一处城堡，以及悉尼莫斯曼的一幢私人住宅的全面翻新。

设计理念：让设计丰富生活。

THE LITTLE BLACK JACKET

LV

Vivid

科特妮·塔特·伊莱亚斯

设计师：科特妮 · 塔特 · 伊莱亚斯（Courtnay Tartt Elias）

公司：创意元素设计，美国得克萨斯州

创意元素设计致力于打造独一无二的多层次空间，以彰显生活的点滴精彩。正在进行的项目包括位于美国得克萨斯州山区高尔夫度假区的多结构建筑群设计、休斯敦的新英国摄政风格住宅，以及为生活在墨西哥湾沿岸的空巢老人设计的两幢充满活力的住宅。近期完成的项目包括一处现代风住宅的翻新设计、休斯敦的一幢建于1929年的老宅重构，以及得克萨斯州的一处当代风格的钢石结构的农庄。

设计理念：缤纷家居，点亮生活。

MISSISS PPI

安吉尔·奥唐奈尔设计工作室

设计师： 埃德·奥唐奈尔（Ed O'Donnell，图左）

公司： 安吉尔·奥唐奈尔设计工作室，英国伦敦

该工作室致力于为私人住宅、超豪华公寓样板间和多功能创意空间打造精致的室内设计。正在进行的项目包括位于英国伦敦中心塔内的公寓样板间、九榆树一号的四间样板房、伦敦首家柏悦品牌住宅和莱佛士酒店旗下OWO公寓内的三套私人公寓。近期完成的项目包括位于希腊帕罗斯岛的一幢立体主义风格的别墅、位于英国切尔西的一幢格鲁吉亚式联排别墅以及圣约翰伍德一号的顶层公寓。

设计理念： 打造与住户个性相匹配的居所。

ROUGE ABSOLU 设计工作室

设计师：杰拉尔丁 · 布埃-普里奥（Géraldine BOUËT-PRIEUR）

公司：ROUGE ABSOLU设计工作室，法国巴黎

该工作室专注于全球的奢华室内设计，业务范围涵盖住宅、商铺和酒店。该公司的核心业务还包括为著名品牌提供布景设计、家具设计、家居配饰和壁纸等服务。正在进行的项目包括位于法国巴黎和英国伦敦的多个住宅项目，以及为法国奢侈品牌提供的私人飞机、酒店的概念设计和布景设计。

设计理念：以色彩彰显设计。

德赖斯代尔设计联合公司

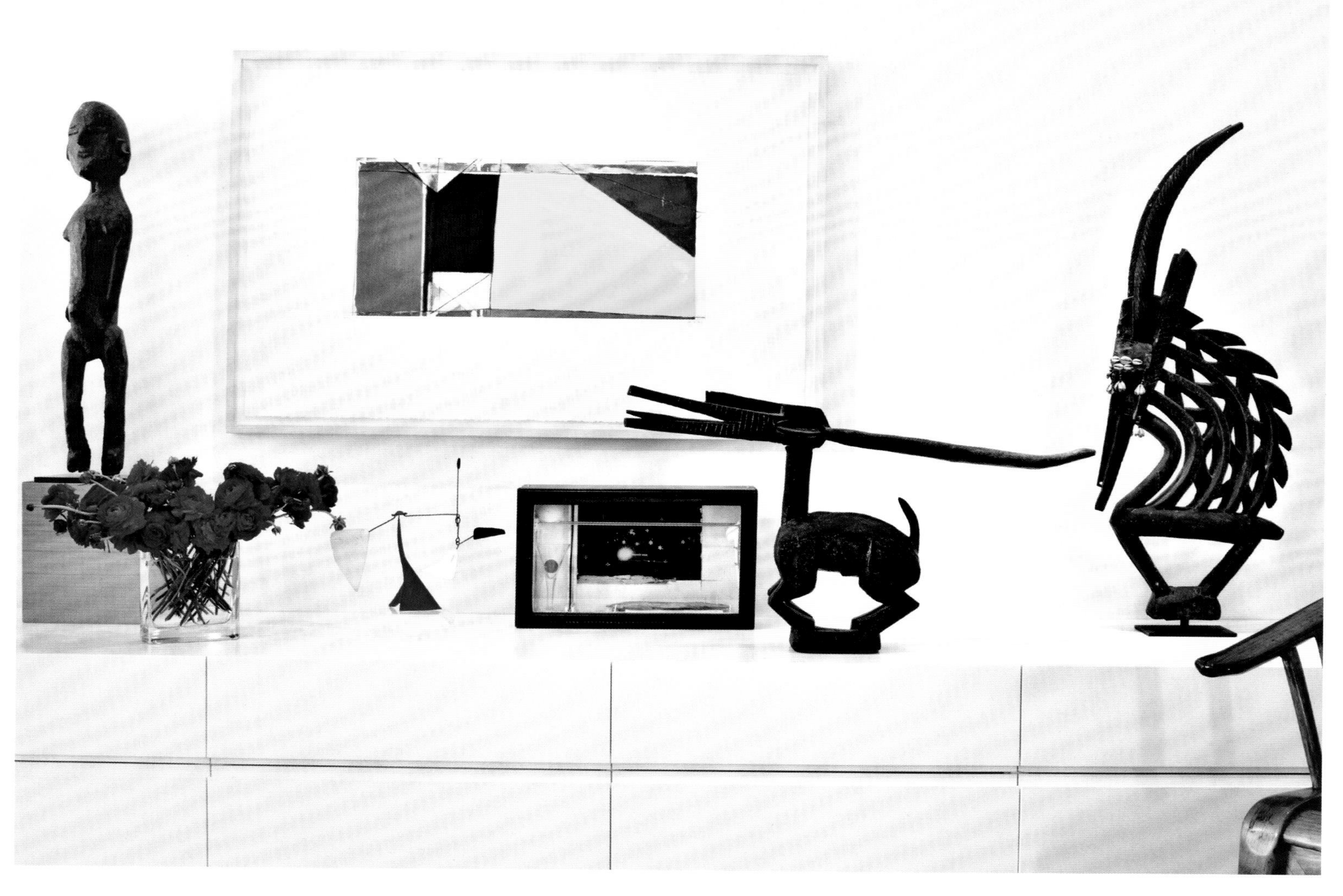

设计师：玛丽 · 道格拉斯 · 德赖斯代尔（Mary Douglas Drysdale）

公司：德赖斯代尔设计联合公司，美国华盛顿

该公司专注于为美国各地的私人住宅提供多种传统与现代风格的高品质室内设计。正在进行的项目包括位于美国波士顿的一幢私人住宅的翻新、华盛顿历史地标洛根广场的红砖老宅的装饰设计，以及佛罗里达州比斯坎岛的一幢度假别墅的室内设计。近期完成的项目包括位于美国弗吉尼亚州的为某现代艺术收藏家设计的现代精品住宅、与美国巴尔的摩市一位著名艺术家合作为其在佛罗里达州那不勒斯市的住宅进行的翻新项目，以及美国曼哈顿帕克大道上的一套公寓。

设计理念：恒久、实用、美观。

VOGUE
AMERICAN ART DECO
PHOTOGRAP

PHOTOGRAPHS

MUGHAL DECORATION
Tribal & Village Rugs

林卫平

设计师：林卫平（Weiping Lin）

公司：LWPD林卫平设计师事务所，浙江宁波

该事务所业务范围涵盖住宅空间、商业空间、办公区和酒店设计。正在进行的项目包括位于中国浙江余姚的一家度假酒店、台州的一家多品牌家具店和宁波的一家图书馆。近期完成的项目包括位于中国宁波的一家美术馆、一个销售中心和一处别墅。

设计理念：结合自然光、风、水，创造以人为本、自然舒适的生活空间。

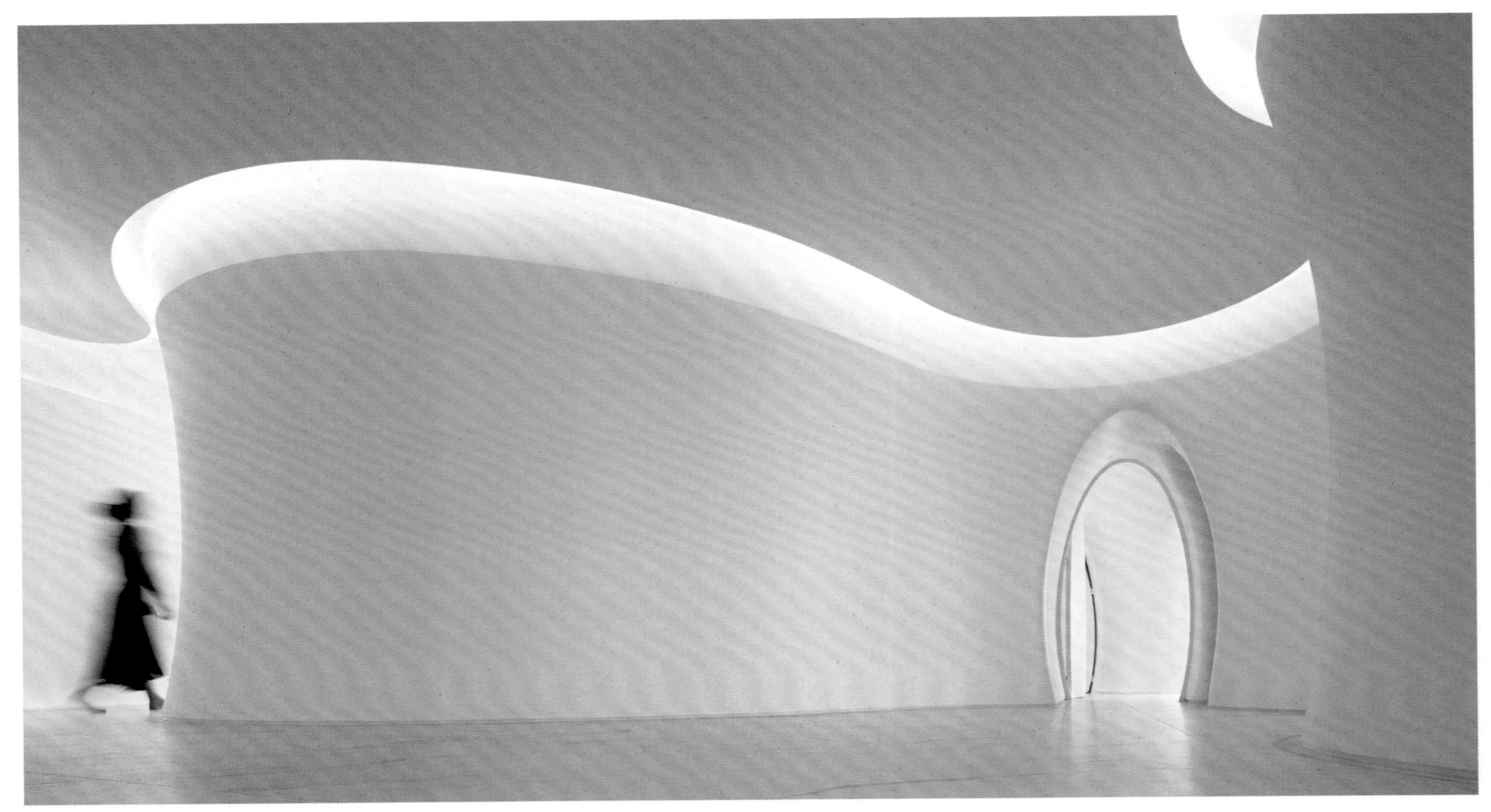

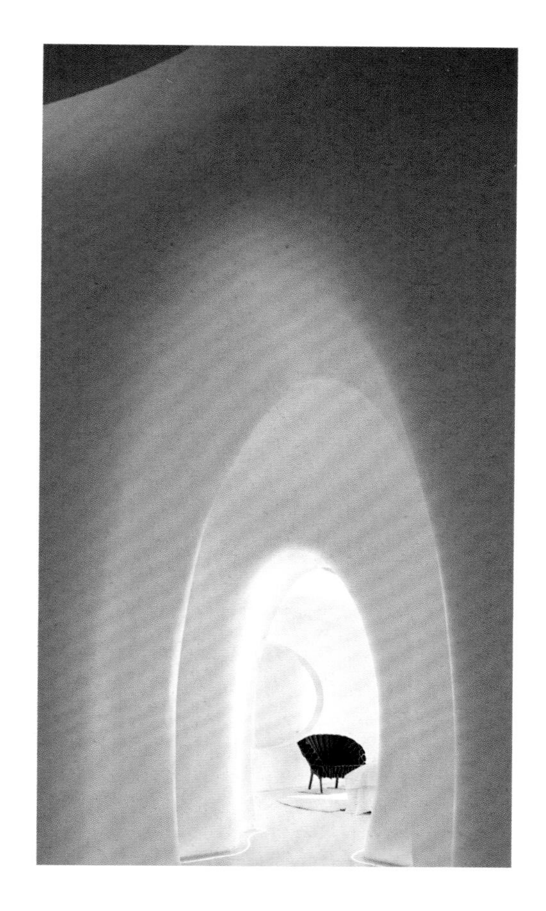

梅格·洛纳根

Cooking Mexican

设计师：梅格 · 洛纳根（Meg Lonergan）

公司：梅格 · 洛纳根室内设计公司，美国得克萨斯州休斯敦

该公司专注于在整个美国范围内提供住宅室内设计整体服务。正在进行的项目包括位于美国南塔克特岛地标休 · 纽埃尔 · 雅各布森的住宅的室内设计、对休斯敦三区的一处占地25 000平方米的豪华古宅的保护性翻新，以及休斯敦最新楼盘The Allen的一套高层公寓的室内设计。近期完成的项目包括位于美国得克萨斯州奥斯汀市的中世纪河景庄园、加利福尼亚州拉荷亚市的一幢海滨小屋的翻新，以及休斯敦的一家知名餐厅的室内设计升级工程。

设计理念：经典南部风格，融入多元国际风情。

纳塔利娅·米亚尔

设计师：纳塔利娅 · 米亚尔（Natalia Miyar）

公司：纳塔利娅 · 米亚尔设计工作室，英国伦敦

该工作室专注于全球住宅和酒店项目。当前项目主要在科威特、墨西哥和美国科罗拉多州。近期完成的项目包括位于英国伦敦梅菲尔的一套顶层公寓、伦敦肯辛顿的一幢家庭住宅，以及位于瑞士圣莫里茨的一幢木屋别墅和位于美国迈阿密的纳塔利娅的私人住宅，其灵感来自周边的自然环境和她深厚的古巴传统文化底蕴。

设计理念：将典雅、舒适、工艺和功能性完美融合，提升客户的幸福感。

ABSTRACT ART TASCHEN
POP ART TASCHEN

LIVINGDELPHI

IRAN MODERN

比吉特·克莱因

设计师：比吉特 · 克莱因（Birgit Klein）

公司：比吉特 · 克莱因室内设计公司，美国加利福尼亚州

该公司专注于为全球客户设计奢华、定制的住宅，涵盖从新建到翻新的各种项目。正在进行的项目主要集中在美国，有加利福尼亚州蒙特西托的多处住宅（包括一幢海滨别墅）、圣伊内斯的一个25 000平方米的马场，以及洛杉矶布伦特伍德的一处大型家庭住宅。近期完成的项目包括位于美国的比弗利山、汉普顿和蒙特西托等地的多个住宅项目。

设计理念：真实、低调，以生活方式为灵感，拥抱自然。

PICASSO
The Well-Lived Life

Interiors Atelier AM

西蒙娜·苏斯

Supreme

设计师：西蒙娜 · 苏斯（Simone Suss）

公司：苏斯工作室，英国伦敦

该工作室专注于为全球客户提供可持续的奢华住宅和商业室内设计。正在进行的项目包括位于英国伦敦的两幢私人住宅和某私募公司的办公区。近期完成的项目包括位于英国赫特福德郡的一处占地1200平方米的新建住宅，伦敦北部的一幢新建家庭住宅，以及伦敦西部的一处商业用房的住宅改造工程。

设计理念：雅致设计，环保之选。

曾建龙

设计师：曾建龙（Gary Zeng）

公司：格瑞龙国际设计，中国上海

格瑞龙国际设计是一家集创意、商业模式构建、建筑、景观、室内空间、产品为一体的国际性设计创意集团。正在进行的项目包括位于中国上海外滩的五号蟹仙画宴、西安的莱安五号、南京的二十四方私人住宅等。近期完成的项目包括位于中国上海的新天地巧克力皇后、黛外滩餐厅，广州的文杏馆餐厅等。

设计理念：海派东方。

莱安五号
LAI'AN NO.5

玛丽·兰布拉科斯

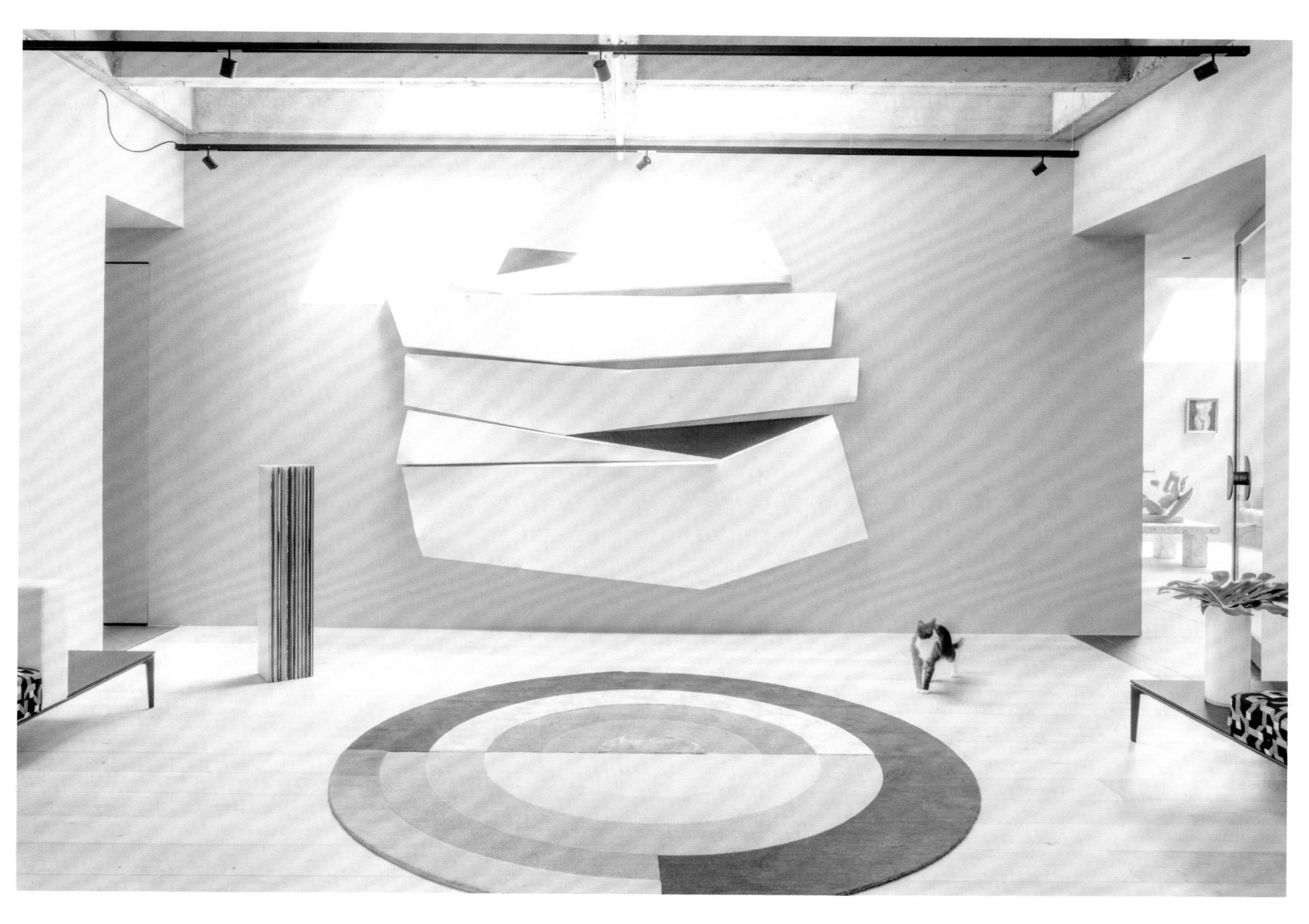

设计师：玛丽·兰布拉科斯（Mary Lambrakos）

公司：兰布拉科斯设计工作室，美国得克萨斯州

兰布拉科斯设计工作室致力于融合艺术与设计，以匠心打造具有变革性的环境。正在进行的项目包括一处历史住宅的翻新工程，由建筑师卡梅伦·费尔柴尔德设计；一处占地700多平方米的欧美风现代住宅；以及位于美国休斯敦的一处庄园的翻新工程，建筑风格类似于路易斯·巴拉甘，可俯瞰休斯敦最著名的河湾。近期完成的项目包括位于美国休斯敦的一套顶层历史公寓的再设计；著名的河橡树社区内的一处现代高层建筑；以及一个大型住宅的扩建，将新旧建筑无缝衔接。

设计理念：艺术，细节，直觉。

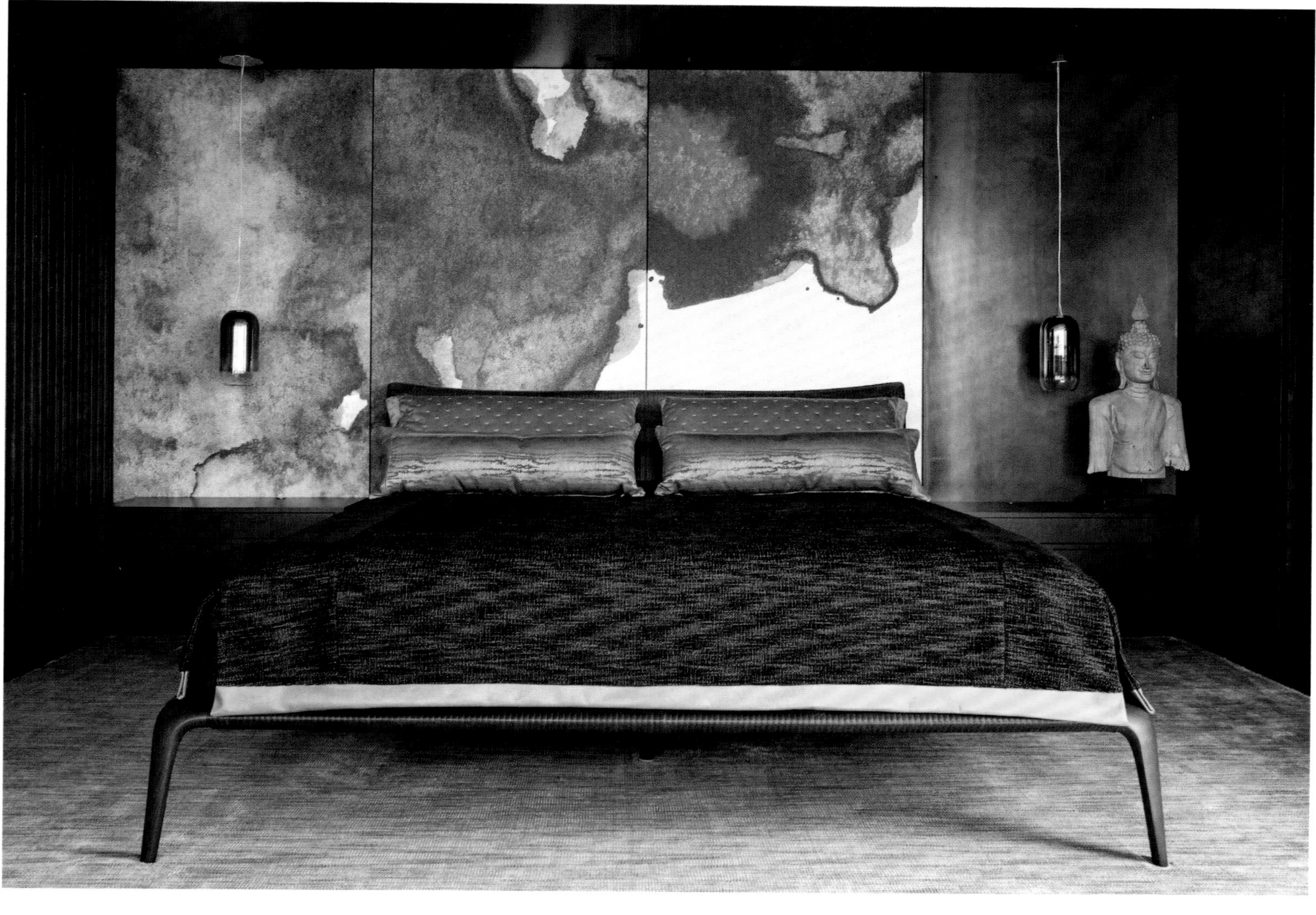

托尔加德设计工作室

设计师：斯塔凡（Staffan，第405页左上图右）和莫妮克·托尔加德（Monique Tollgard，第405页左上图左）

公司：托尔加德设计工作室，英国伦敦

作为一家具有全球视野的工作室，托尔加德设计工作室善于将家的力量融入住宅和商业项目中。正在进行的项目包括位于西班牙福门特拉岛和沙特阿拉伯利雅得的多座现代别墅，位于瑞士格施塔德的一处现代化木屋。近期完成的项目包括位于英国切尔西和贝尔格莱维亚的多处家庭住宅，位于瑞士克洛斯特斯的一处小木屋，以及为某长期客户设计的英国伦敦地标总部建筑，并荣获奖项。

设计理念：寻找贯穿每个项目的主线，即将环境、建筑与身份有机融合的创意基因。

THIS
MUST
BE
THE
PLACE

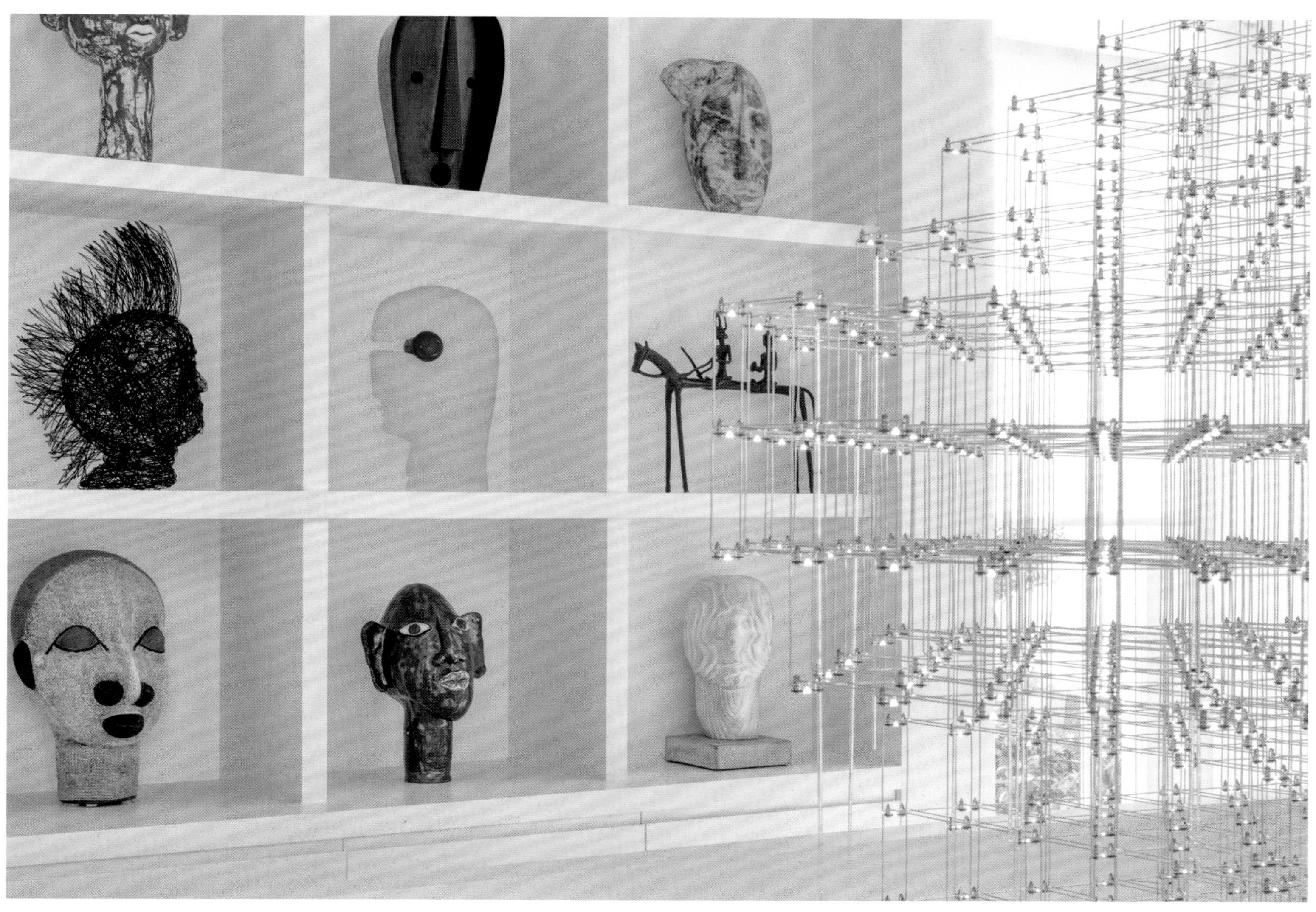

法布里斯·胡安

设计师：法布里斯 · 胡安（Fabrice Juan）

公司：法布里斯 · 胡安设计公司，法国巴黎

该公司专注于奢华室内设计，包括各种私人住宅。近期完成的项目包括位于法国巴黎的多座私人住宅，以及与织物品牌 Métaphores和 Lelièvre合作，为项目设计的家具系列。正在进行的项目包括位于法国南部的一处别墅，以及巴黎的两间私人公寓。

设计理念：纯粹奢华，舒适至臻，精雕细琢，轻盈细腻。

PONTI
GIO PONTI

瑞安·萨吉安

设计师： 瑞安 · 萨吉安（Ryan Saghian）

公司： 瑞安 · 萨吉安室内设计工作室，美国洛杉矶

该工作室专注于高端住宅和酒店项目。正在进行的项目包括位于美国加利福尼亚州德尔马的一处占地40 000多平方米的庄园、马里布的一处海滨别墅，以及比弗利山庄的一家米其林星级餐厅。近期完成的项目包括占地1800平方米的一处庄园、棕榈泉地区的一处有着悠久历史的住宅，以及加利福尼亚州隐山市的一处新型史诗级建筑。

设计理念： 融合至尊奢华与朴实本真，融汇全球灵感，怀揣爱与敬意。

PRIVATE
DESIGN

Peter Lindbergh

BEATON

ANDY WARHOL
Polaroids 1958–1987
BEATON

乔安娜·伍德

SNOBS
BAND OF ANGELS
KATE COOPER
TOM SHARPE
Travels in Greece & Turkey 1749

设计师：乔安娜·伍德（ Joanna Wood，第419页右上图）

公司：乔安娜·伍德国际设计事务所，英国伦敦

该事务所业务以建筑为基础，业务涵盖项目全过程，从核心建筑到最终艺术品的呈现。正在进行的项目包括承建英国苏塞克斯郡的一处乡村别墅、伦敦切尔西的一所学校改住宅项目，以及位于加拿大多伦多的一处顶层公寓。近期完成的项目包括位于英国伦敦贝尔格莱维亚的一处住宅、剑桥的一处大师小屋的翻修，以及位于加拿大蒙特利尔的一套现代公寓。

设计理念：古典舒适，现代时尚。

丁冬工作室

设计师： 迈克尔·米兰达（Michael Miranda，图左）和大卫·戈麦斯（Davide Gomes，图右）

公司： 丁冬工作室，葡萄牙波尔图和里斯本

多年来，丁冬工作室在全球开展了多个项目，主要集中在住宅、酒店和商业项目，设计植根于现代工艺和历史范式。正在进行的项目包括位于葡萄牙的多处私人住宅、位于美国迈阿密的一处公寓住所，以及位于法国圣特罗佩的一处家庭住宅。近期完成的项目包括位于葡萄牙波尔图的一家五星级酒店、一处家庭住宅，以及里斯本的一处传统公寓的全面翻新。

设计理念： 永恒的空间氛围。

黄永才

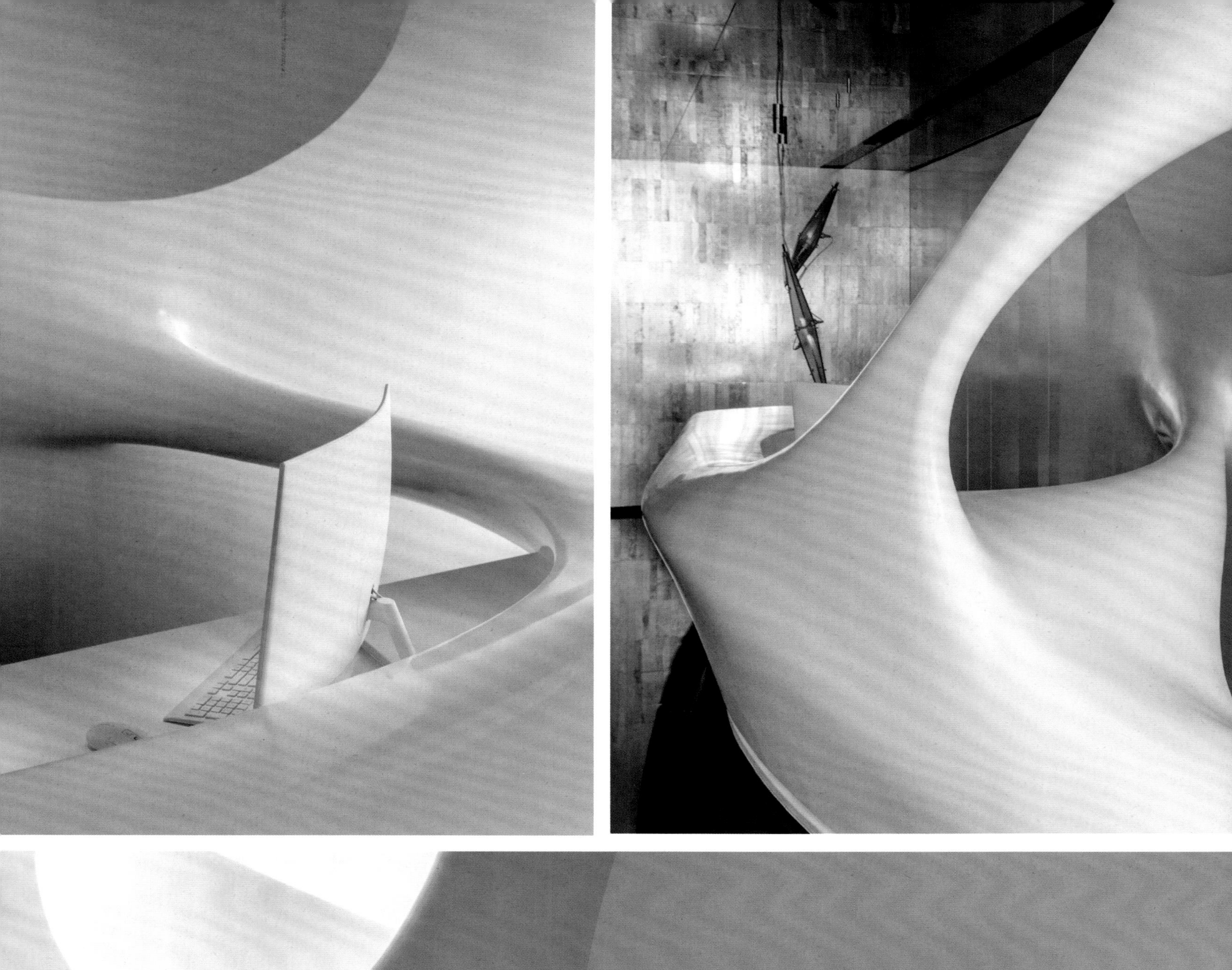

设计师： 黄永才（Ray Wong）

公司： 共和都市设计，中国广州

共和都市设计创办至今，一直致力于以革新的精神为社会提供多样化的设计产品，以创意和富有想象的创造力设计提升更多的品牌价值，作品涵盖建筑、酒店、顶级俱乐部、餐饮、办公、私人住宅等，创新大胆的设计为空间注入新的活力，其作品获得过多项国际知名赛事大奖。近期的项目包括位于中国广州的美奈小馆越式料理、黑竹餐厅，深圳的奈尔宝家庭中心、拾号牛扒餐厅，长沙的“锈”音乐表演场地。

设计理念： 思想的感官革命。

FRENCH & FRENCH
室内设计工作室

设计师： 希瑟 · 法兰奇（Heather French）

公司： FRENCH & FRENCH 室内设计工作室，美国新墨西哥州圣达菲

该工作室专注于国际住宅和精品商业室内设计。正在进行的项目包括位于美国新墨西哥州加利斯特奥的一处豪华牧场度假中心、佛罗里达州圣彼得堡的一处海滨庄园以及得克萨斯州奥斯汀的一处层叠式山顶家庭住宅。近期完成的项目包括位于美国圣达菲的一处普韦布洛复兴风格沙漠住宅、《住宅美化》100周年纪念的整体住宅项目，以及新墨西哥州阿尔伯克基的一处家族永久庄园。

设计理念： 舒适、层次分明、灵魂栖息、宜居。

YOU
MOM DAD
CHARLIE

克里斯蒂安斯和亨妮工作室

设计师：海伦 · 亨妮（Helen Hennie，左页图左四）

公司：克里斯蒂安斯和亨妮工作室，挪威奥斯陆

该工作室聚焦高端住宅以及定制化商业项目，业务主要覆盖欧洲市场。正在进行的项目包括位于奥地利阿尔卑斯山的一处小木屋和一家精品酒店，以及位于西班牙和法国的别墅及景观设计。

设计理念：量身定制、永恒、个性化。

伊丽莎白·克鲁格

设计师：伊丽莎白 · 克鲁格（Elizabeth Krueger）

公司：伊丽莎白 · 克鲁格设计工作室，美国芝加哥和克利夫兰

该工作室专业从事软装和新建住宅设计，通过对建筑空间和居住者的深入了解来进行精心设计。正在进行的项目包括位于美国科罗拉多州斯诺马斯的一处住宅、加利福尼亚州圣何塞的一个令人振奋的合作项目，以及伊利诺伊州森林湖的一处住宅。近期完成的项目包括位于美国纽约州锡拉丘兹的一处家族庄园、与Opame集团合作推出的系列新家具和配饰，以及为一位老客户在芝加哥林肯公园附近的一套公寓做的设计。

设计理念：层次分明的精致感。

孟也

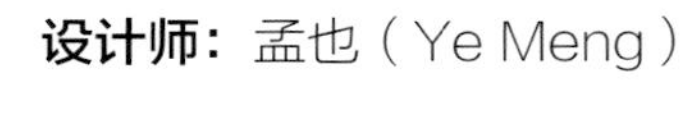

设计师：孟也（Ye Meng）

公司：孟也空间创意设计事务所，中国北京

孟也致力于为中国精英阶层定制独有的高端住宅空间，主张设计气质的多变及创新，在全国多地完成了众多高端私人住宅及地产设计项目。

设计理念：不做随波逐流的设计。

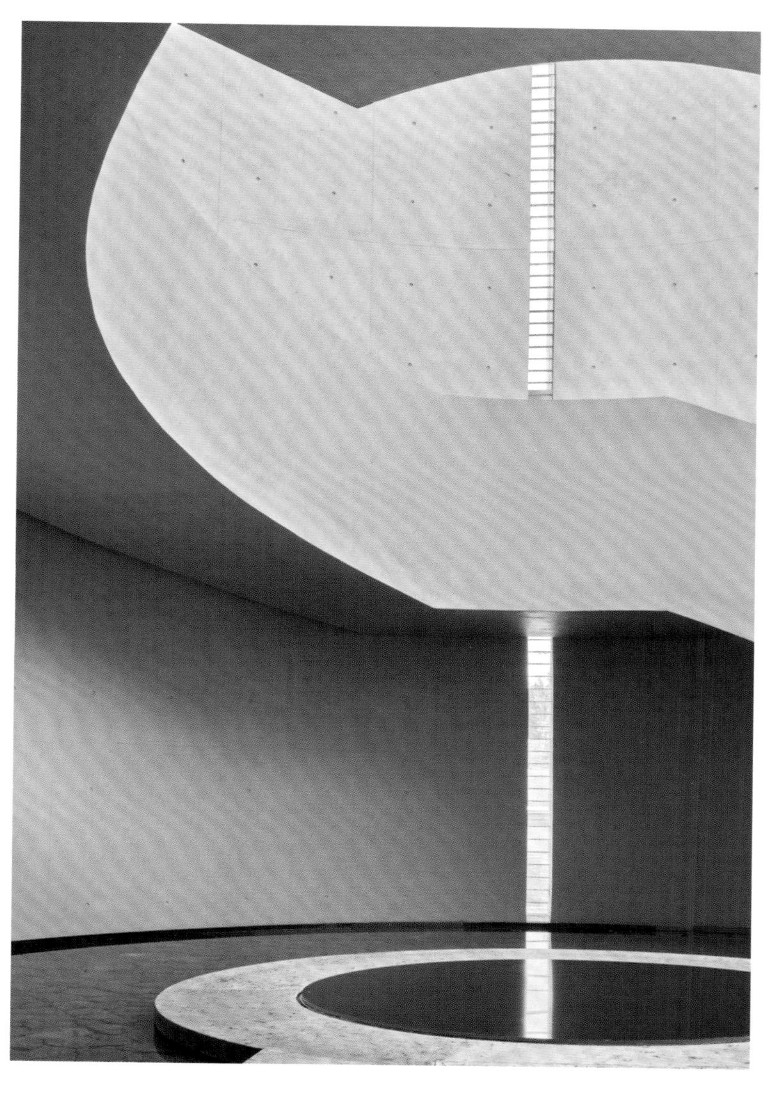

帕齐·布朗特

设计师：帕齐 · 布朗特（Patsy Blunt）

公司：帕齐 · 布朗特室内设计事务所，英国萨里

该事务所屡获殊荣，专注于全球各地豪华住宅设计。正在进行的项目包括位于英国西米德兰兹郡的一处近1000平方米的新建项目、赫特福德郡的一处带宾馆的大型翻修项目，以及圣约翰伍德的一处现代豪宅大楼。近期完成的项目包括位于法国南部的一处悬崖别墅、位于英国温特沃斯庄园的一处住宅以及萨里的一处豪华联排别墅。

设计理念：根据每位客户的要求、生活方式和预算，为他们量身定制住宅设计。

No.10

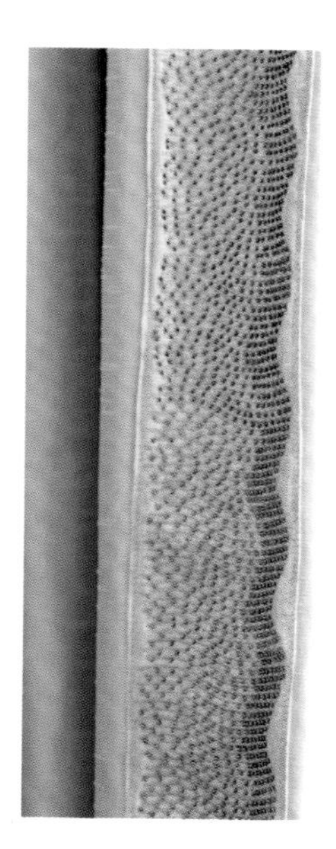

唐纳德·恩克斯马洛

设计师：唐纳德 · 恩克斯马洛

公司：唐纳德 · 恩克斯马洛室内设计工作室，南非帕克敦

该工作室专注于家庭、酒店和行政办公室设计，通过策划、品牌化和定制合作，将当代非洲美学融入奢华室内设计。正在进行的项目包括位于英国伯克郡阿斯科特的一处宏伟的庄园、一家位于山区度假胜地的精品酒店，以及位于南非约翰内斯堡的一处顶级现代豪宅。近期完成的项目包括位于南非约翰内斯堡的行政住宅、一处山区度假胜地的精品酒店，以及开普敦大西洋沿岸的一处顶层公寓。

设计理念：为客户打造展现真实自我的空间。

玛格丽特·罗杰斯

设计师：玛格丽特 · 罗杰斯（Marguerite Rodgers，第458页上图）

公司：玛格丽特 · 罗杰斯室内设计工作室，美国宾夕法尼亚州费城

该工作室致力于为当地和全球各地的餐厅和酒店、豪华住宅以及历史性和地标性项目做出标志性贡献。正在进行的项目包括位于巴哈马的一套顶层公寓；位于美国棕榈滩和费城的住宅、缅因州的一个家庭住宅、艺术家基梅尔和捐赠者为费城高街餐饮集团提供的餐厅和空间；位于意大利的一处农舍。近期完成的项目包括位于美国费城、新泽西州和棕榈滩的多个住宅，以及费城图书馆和基梅尔的贸易公司的办公空间。

设计理念：坚守工艺，善于倾听并满足客户要求。

设计师： 艾雅 · 利索娃（Aiya Lisova）

公司： 艾雅工作室，俄罗斯莫斯科

设计师艾雅 · 利索娃毕业于俄罗斯莫斯科国际设计学院和英国伦敦切尔西艺术学院，她致力于在全球范围内打造个性化且现代化的室内空间。近期完成的项目包括位于俄罗斯莫斯科“七姐妹”摩天大楼的一处历史公寓的翻修和维护，使用现代和复古家具，并结合当代艺术以及她在旅行中收集的非洲和印度尼西亚的珍宝进行陈设。

设计理念： 追求设计师愿景与客户真实个性之间的平衡。

F.L. WRIGHT
BYZANTINE ART

SCHULZE

NEWTON

* CONGRATULATIONS!
You're the 1 MILLION th
visitor this week!
Click "OK" button below to close window
and contact our Prize Departament immediately.

萨曼莎·巴特利特

设计师：萨曼莎 · 巴特利特（Samantha Bartlett）

公司：萨曼莎 · 巴特利特室内设计工作室，英国伦敦

该工作室专注于高端住宅领域。正在进行的项目包括位于葡萄牙昆塔卡多酒庄的一处近1700平方米的新建豪宅，位于英国温特沃斯特庄园的一处1200平方米的新建豪宅、萨里的两个较小规模的软装设计、伊舍的一处占地900平方米的新建大厦，以及伦敦汉普斯特德的翻新项目。近期完成的项目包括几个软装设计项目，以及为英国各地开发商提供概念设计服务。

设计理念：宜居、奢华。

ERG
F
ERG

FASHION PHOTOGRAPHY
THE STORY IN 180 PICTURES

THE KINFOLK
at 100

MOTHER SHIP
FRANCESCA SEGAL

林永锋

设计师：林永锋（Felix Lin）

公司名称：广东极度空间酒店设计有限公司，中国东莞

该公司已成立15年，主要提供专业高端会所、酒店及定制式室内设计和顾问服务。即将完成的项目包括位于中国香港中西区的嘉兰公馆、江苏淮安的温德姆酒店、贵州瓮安的迎宾馆。近期完成的项目包括位于中国贵州的誉酒店、贵州的阳明文化园酒店、深圳的氿间房会所。

设计理念：追求极致、创意无限。

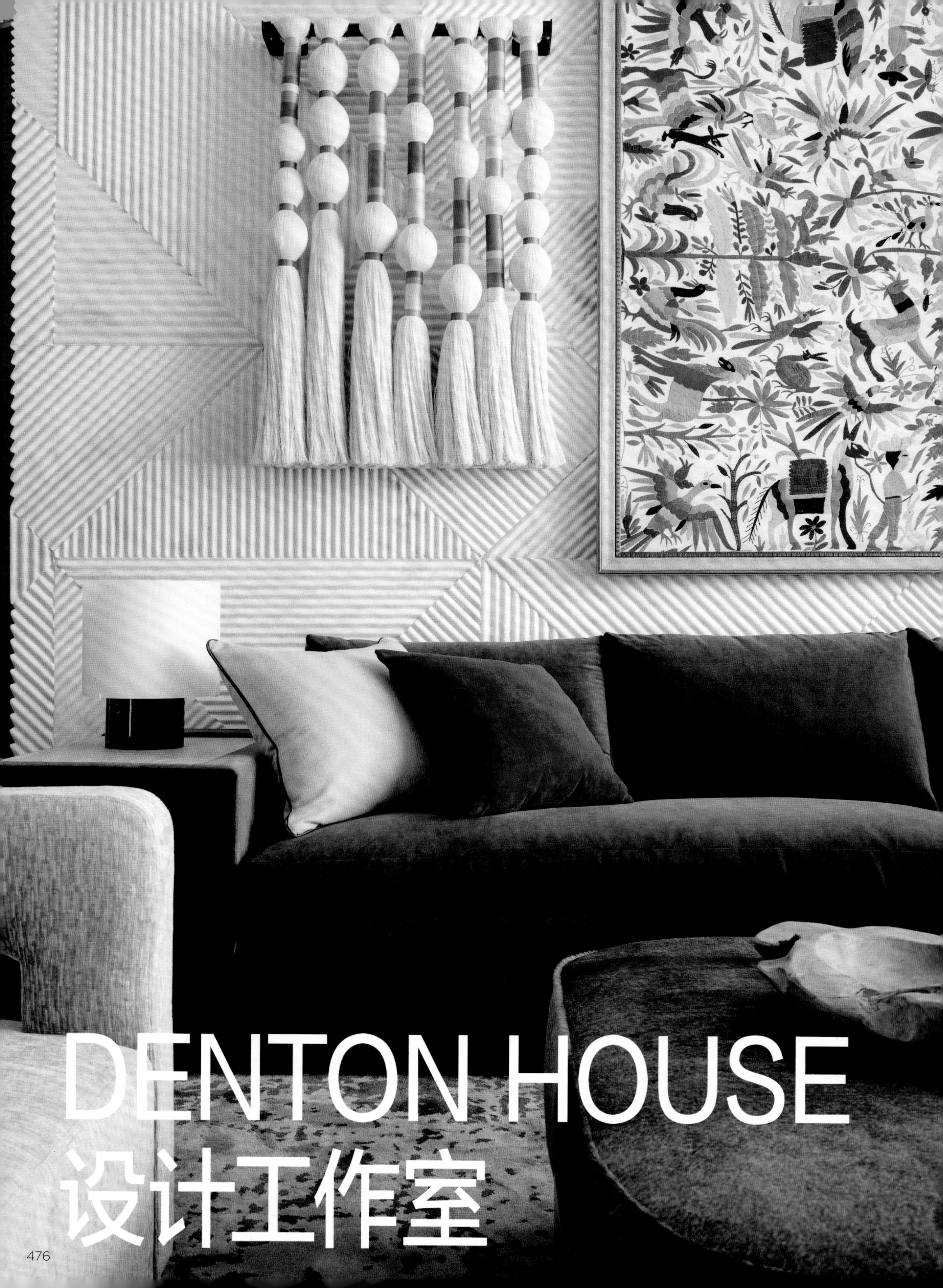

DENTON HOUSE
设计工作室

设计师： 乔伊（Joey，图左）、丽贝卡·巴肯（Rebecca Buchan，图右）、娜塔莉·埃利斯（Natalie Ellis）

公司： DENTON HOUSE设计工作室，美国犹他州盐湖城

该工作室聚焦全球各地最有魅力的住宅、社区和度假胜地。近期完成的项目包括位于美国得克萨斯州奥斯汀山区的一个新型私人高尔夫社区的多种空间。此外，在美国夏威夷也有很多项目，包括夏威夷大岛的多处住宅、瓦胡岛西侧的开发项目以及位于传奇北岸的豪华社区。该工作室还参与了一个模块化住宅开发项目的设计，该住宅将提供给在战争冲突中失去家园的家庭使用。

设计理念： 奢华，为生活而设计；精心策划，卓越执行。

大象工作室

设计师：约阿娜·科雷亚（Joana Correia，图左）、阿尔瓦罗·罗克特（Alvaro Roquette，图中）、路易斯·阿拉乌约（Luis Araújo，图右）

公司：大象工作室，葡萄牙里斯本

该工作室与多学科团队合作，专注于室内设计、建筑和咨询项目。正在进行的项目包括位于葡萄牙阿连特茹的一处别墅、里斯本的多间公寓和阿尔加维的一处海滨别墅。近期完成的项目包括位于葡萄牙卡斯卡伊斯的一处家庭住宅、亚速尔群岛的一家精品酒店以及位于摩纳哥蒙特卡洛的一套公寓。

设计理念：不拘一格，细节至上。

设计师： 沙兹玛·马拉德瓦拉（Shazma Maladwala）

公司： 摩卡设计工作室，英国伦敦

这个多元化的设计团队屡获殊荣，致力于国际知名住宅的服务和项目交付。正在进行的项目包括位于英国萨里的一处乡村庄园、位于西班牙伊维萨岛的一处新建房产以及位于南非开普敦的一处现代别墅。近期完成的项目包括位于英国汉普斯特德、圣约翰伍德和贝尔格莱维亚的全套精装房交付项目，以及位于阿联酋迪拜的顶层公寓。

设计理念： 至臻细节，专为追求卓越设计的人而设计。

摩卡设计工作室

ROLLS-ROYCE MOTOR CARS MAKING A LEGEND
RENÉ STAUD
THE JAGUAR BOOK

streets of paris
teNeues | MENDO
DIOR IN BLOOM

藤井信介

设计师：藤井信介（Shinsuke Fujii）

公司：日本东京设计八株式会社，日本东京

该公司聚焦私人住宅、展厅和酒店等高端室内设计。正在进行的项目包括位于日本山口的一家公司总部、东京的住宅以及箱根的一栋温泉别墅的翻新。近期完成的项目包括位于日本福冈和札幌的多家酒店、一家巧克力店和滋贺的一家荞麦面店的设计。

设计理念：社区设计意识。

臥龍房
GARYUBO

兰道+金德尔巴赫室内设计有限公司

设计师：格哈德 · 兰道（Gerhard Landau）、路德维希 · 金德尔巴赫（Ludwig Kindelbacher）

公司：兰道+金德尔巴赫室内设计有限公司，德国慕尼黑

该公司将建筑与室内设计融合，寻找跨界解决方案，业务范围广泛，包括古建筑和新建筑。正在进行的项目包括跨国公司总部、居民住宅区和私人顶层公寓。

设计理念：建筑是完美的个性表达载体。

吴滨

设计师：吴滨（Ben Wu，右页左上图）

公司：上海无间建筑设计有限公司，中国上海

该公司拥有一支有着国际化视野的团队，形成集建筑设计、室内设计、软装设计、产品设计于一体的专业体系。已与中国前50名的房地产、酒店及文旅文创项目等品牌达成战略合作，不只是呈现独到设计，更是结合品牌、商业、人群及定位需求，提供全方位考量、定制化的解决方案。近期完成的项目包括HAI SHANG餐厅，在思考“反常合道为趣”可能性的基础上，营造似曾相识的山水，用全维度的感官体验实现“食材”与“场所”重组之后的呼应关系；成都的世豪一墅江安，赋予建筑与城市以“场所精神”，将文化个性转译到当下空间中；上海翠湖五集的住宅，打破常规陈列功能，实现东方语境中当代圆融审美内核；杭州海威叁拾浔的住宅，承载了阿尔多·罗西提出的“城市是人们集体记忆的场所及载体”的思想，在摩天大楼中塑造理想的生活形态。正在进行的项目包括襄阳公寓，揭示被岁月掩盖的场地的内在特质，重拾其在地个性，赋予都市空间以新生；梅里雪山酒店，以藏式碉房为灵感，重塑在地性的表达方式，发掘梅里雪山的壮美。

设计理念：摩登东方。

奥尔加·阿什比

设计师：奥尔加 · 阿什比（Olga Ashby，第502页图）

公司：奥尔加 · 阿什比室内设计工作室，英国伦敦

该工作室专注于全球的住宅室内设计，包括普通住宅和度假区住宅，以及豪华住宅开发项目。正在进行的项目包括位于法国巴黎的一套公寓、位于英国汉普斯特德的一处当代新建住宅以及伦敦圣乔治山的一处传统房屋。近期完成的项目包括位于意大利普利亚的一处度假胜地的精品酒店，以及位于英国伦敦肯辛顿和切尔西的多个住宅项目。

设计理念：定制专属的个性化体验。

MER